Heidi Bollich

Unsere Katze
wird alt

Müller
Rüschlikon

Einbandgestaltung: Kornelia Erlewein

Titelfoto und Foto auf der Umschlagrückseite:
Heidi Bollich

Bildnachweis
Dr. Markus Eickhoff: S. 51–53, Angelika Helak: S. 94, Claudia Rieß (Katzen-hospiz): S. 73–75, Ralph Sontowski (Sammy und Püppi): S. 86/87, Barbara Teichmann privat: S. 72

Alle übrigen Fotos stammen von Heidi Bollich, www.heidi-bollich.com

ISBN 978-3-275-01915-1

Copyright © 2013 by Müller Rüschlikon Verlag
Postfach 103743, 70032 Stuttgart
Ein Unternehmen der Paul Pietsch Verlage GmbH & Co. KG
Lizenznehmer der Bucheli Verlags AG, Baarerstr. 43, CH-6304 Zug

1. Auflage 2013

Sie finden uns im Internet unter www.mueller-rueschlikon-verlag.de

Lektorat: Claudia König
Innengestaltung: Kornelia Erlewein
Druck und Bindung: KoKo Produktionsservice, 70900 Ostrava
Printed in Czech Republic

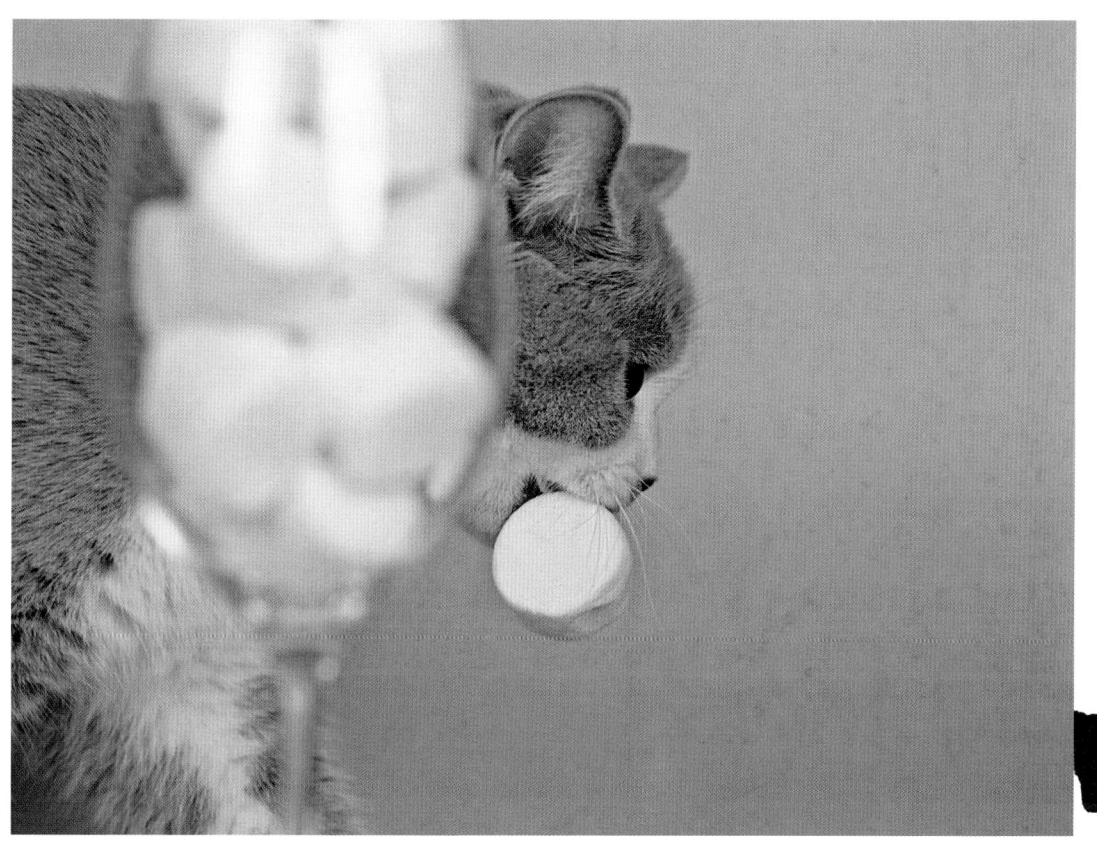

Welcher Katzenfreund kennt sie nicht – die Meisterdiebe unter den Katzen.

Inhalt

Kapitel 1

Die alternde Wohnungskatze

Kapitel 2

Die alte Freigängerkatze

Kapitel 3

Der Mehrkatzenhaushalt

Kapitel 4

Ernährung der alten Katze

Kapitel 5

Pflege der alten Katze

Kapitel 6

Beschäftigung und Fitness für ältere Katzen

Kapitel 7

Gesundheitsvorsorge der alternden Katze

FACHBEITRÄGE:

Das Zusammenleben mit einer Katze ist etwas Wundervolles und oftmals hält es länger an als manche Ehe. Auch Katzen kommen in die Jahre, werden manchmal wunderlich und fangen an, sich zu verändern.

Gelassenheit ist oft eine Sache des Alters.

Aus dem früheren Chaoten, der Abrissbirne, dem Fighter, dem Clown, dem Dieb und dem Bettler wird allmählich ein ruhiges Familienmitglied, das uns zum Teil mit ganz neuen Verhaltensmustern überrascht.

Für die meisten alten Katzen ist es schön, einen Freund an ihrer Seite zu haben.

Das Interesse der liebenswerten Chaoten ist manchmal grenzenlos.

Die Veränderungen kommen langsam, aber sie kommen. Auch altert nicht jede Katze im gleichen Rhythmus. Es gibt die »jungen Alten«, die schon im Alter von 8 Jahren wie Senioren wirken, und es gibt die »alten Jungen«, die mit 12 Jahren noch aktiv sind und ihren Schabernack treiben.

Neugierde und Aufmerksamkeit zeichnen jede Katze aus.

An was das wohl liegt, können wir zum Teil nur erahnen oder aus unseren jahrelangen Beobachtungen und Erfahrungen schließen, denn unsere Katzen werden immer einen Teil ihrer Geheimnisse für sich behalten und das macht ihre Faszination aus.

Wer das große Glück hat, seine Katze bis ins hohe Alter begleiten zu dürfen, sollte akzeptieren, dass sich ihre Ansprüche verändern und wir aufgefordert sind, auf einige wichtige Dinge zu achten, damit sie gesund und in Würde alt werden darf.

Haben Sie sich auch schon Gedanken darüber gemacht, warum sich Ihre Katze auf einmal anders benimmt?

Die Skepsis gegenüber fremden Ereignissen kann im Alter zunehmen.

Vorwort

Ihre Lieblingsplätze bleiben frei, sie mäkelt vielleicht hin und wieder, schaut ihr Lieblingsfutter nicht an oder verschläft die Fütterungszeit. Sie wird aufdringlich oder zieht sich völlig grundlos zurück.

Sicher machen Sie sich immer mal Gedanken darüber, wie alt sie wohl werden wird, ob sie alles richtig machen und wie oft Sie einen Check-up beim Tierarzt durchführen lassen sollten. Wenn unsere Stubentiger in die Jahre kommen, geben sie uns so manches Rätsel auf, das wir nicht immer sofort lösen können, aber beim genauen Hinsehen kommen wir doch dahinter, was mit ihnen los ist. Katzen altern, ebenso wie andere Lebewesen, nicht alle im gleichen Rhythmus. Eins haben aber alle gemeinsam: ihre Bedürfnisse ändern sich während des Altwerdens.

Die durchschnittliche Lebenserwartung von Katzen liegt bei 12 bis 15 Jahren, dabei sind die Alterserscheinungen und Veränderungen nicht immer sofort für den Katzenbesitzer sichtbar. Einige wenige Katzen erleben sogar ein Alter von 20 Jahren und darüber, andere werden nicht einmal 10 Jahre alt.

Freigängerkatzen sind beispielsweise vielen anderen Gefahren ausgesetzt als Wohnungskatzen, deshalb ist ihre Lebenserwartung im Regelfall nicht so hoch. Die herrenlosen Streunerkatzen haben die geringste Lebenserwar-

tung, da es ihnen nicht nur an tierärztlicher Betreuung fehlt, sondern auch an vielem anderen. Mir ist aufgefallen, dass die Unterschiede des Alterns zwischen Freigängerkatzen und Wohnungskatzen besonders groß sind, aber auch zwischen Katzen, die in einem Mehrkatzenhaushalt oder als Einzelkatze leben.

Die sechs Lebensphasen einer Katze

Lebensphase	Katzenalter	entsprechendes Menschenalter
Kitten	0–1 Monat	0–1 Jahr
	2–3 Monate	2–4 Jahre
	4 Monate	6–8 Jahre
	5 Monate	10 Jahre
Jugendliche	7 Monate	12 Jahre
	12 Monate	15 Jahre
	18 Monate	21 Jahre
	2 Jahre	24 Jahre
Junge Erwachsene	3 Jahre	28 Jahre
	4 Jahre	32 Jahre
	5 Jahre	36 Jahre
	6 Jahre	40 Jahre
Mittelalte Tiere/ Stadium der Reife	7 Jahre	44 Jahre
	8 Jahre	48 Jahre
	9 Jahre	52 Jahre
	10 Jahre	56 Jahre
Senioren	11 Jahre	60 Jahre
	12 Jahre	64 Jahre
	13 Jahre	68 Jahre
	14 Jahre	72 Jahre
Greisenalter	15 Jahre	76 Jahre
	16 Jahre	80 Jahre
	17 Jahre	84 Jahre
	18 Jahre	88 Jahre
	19 Jahre	92 Jahre
	20 Jahre	96 Jahre
	21 Jahre	100 Jahre
	22 Jahre	104 Jahre
	23 Jahre	108 Jahre
	24 Jahre	112 Jahre
	25 Jahre	116 Jahre

Kapitel 1

Die alternde Wohnungskatze

Eine Katze, die alleine in der Wohnung ohne Freigang gehalten wird, altert oftmals schneller. Ein Grund dafür kann sein, dass sie in ihrem Leben wenige Impulse und Reize erhält.

Ist kein Artgenosse vorhanden, beschäftigt man sich auch schon mal mit sich selbst.

Auch in jungen Jahren verschlafen Katzen einen Großteil des Tages.

Sie ist meist in jüngeren Jahren schon ruhiger, da ihr die Herausforderungen fehlen, und verbringt die meiste Zeit mit Schlafen und Dösen. Sind die Katzenhalter dazu noch berufstätig, dadurch lange außer Haus und kinderlos, kennt die Katze fast ausschließlich Ruhe und das macht sie im Regelfall alt. Diese Katzen neigen außerdem häufig zu Übergewicht und Diabetes und wirken mit acht Jahren von ihrem Verhalten her wie Senioren, können aber natürlich trotzdem ein hohes Alter erreichen.

Eine Einzelkatze, die ausschließlich in der Wohnung gehalten wird, verbringt die meiste Zeit mit sich alleine. Eine Abwechslung ist für sie meistens nur das »Aus-dem-Fenster-Schauen«. Mit zunehmendem Alter macht ihr das Alleinsein nicht mehr so viel aus wie in jungen Jah-

ren, dennoch ist sie froh, wenn sie ihre Menschen um sich hat, denn Katzen sind gute Beobachter und wollen mitbekommen, was um sie herum geschieht.

Katzen mögen keine Veränderungen. Eine alte Einzelkatze kommt mit Veränderungen viel schlechter zurecht, da bei ihr doch jeder Tag fast dem anderen gleicht. Sie muss sich so gut wie nie auf neue Situationen einstellen. Die Einzelkatze ist ganz besonders dankbar, wenn man ihr rechtzeitig dabei hilft, sich auf Veränderungen einzustellen, sei es, dass ein Umzug ansteht, sich Nachwuchs angemeldet hat oder nun regelmäßig das Enkelkind zu Besuch kommt. Auch ein neuer Partner in Ihrem Leben bringt für Ihre alte Katze Unruhe und Stress.

Katzen lieben Rituale, deswegen ist es sehr zu empfehlen, wenn man alles, was mit ihr zu tun

Katzen lieben geschützte Rückzugsmöglichkeiten mit vollem Überblick.

hat, im gleichen Rhythmus weiter macht. Wenn Sie jahrelang jeden Morgen erst einmal mit Ihrer Katze geschmust und sie gefüttert haben, so sollte das bei allen Veränderungen beibehalten werden. Lassen Sie ihr ihre Lieblingsschlafplätze an den ihr vertrauten Plätzen stehen und richten Sie es so ein, dass auch sie im Alter noch Fluchtplätze findet, an denen sie sich sicher fühlt, wenn ihr alles zuviel wird und sie sich der neuen Situation nicht so schnell anpassen kann. Hier eignet sich etwas Platz hinter dem Sofa, am besten ist es, ihr dort ihre Lieblingsdecke auszubreiten. Auch Kuschelhöhlen, die abseits vom täglichen Geschehen stehen, werden in diesen Situationen gerne angenommen. Nicht so gut eignen sich Körbe und Katzenhäuser ohne Deckel, also Ruheplätze, wo wir unsere Katze rauszerren müssten, falls sie krank wird oder schon ist. Das ist absoluter Stress für Mensch und Katze.

Bei einer Katzenhalterin sah ich ein wunderbares Häuschen aus Styropor als Rückzugsmöglichkeit für ihre Katze. Sie brachte sich diese Box aus einem Zoogeschäft mit. In solchen Boxen werden einem Zoogeschäft Fische geliefert, sie erhält man in der Regel kostenlos. Das Gute an diesen Boxen ist, dass sie einen Deckel haben und man an ihrer Vorderseite leicht einen »Eingang« für die Katze reinschneiden kann. Anschließend muss man nur noch ein Kissen in die Box legen und vielleicht noch eines auf die Box und schon hat die Katze einen geeigneten Rückzugsort, an den wir jederzeit drankommen, wenn wir ihr ihre Medikamente geben oder mit ihr den Tierarzt aufsuchen müssen.

Der Platz hinter dem Sofa bietet dieser 17 Jahre alten Norwegerin Sicherheit.

*Der beliebte Dachfensterplatz
ist im Alter nicht mehr in
einem Sprung zu erreichen.*

Beachten Sie,

dass niemals alle Katzen-Kissen und -Decken zur selben Zeit gewaschen werden sollten, da der neue Geruch sie schon völlig aus dem Konzept bringen kann, vor allem wenn ihr Geruchssinn bereits nachgelassen hat. Wir sind zwar gewohnt, dass unsere Katzen normalerweise immer sofort ihren Platz auf der frisch gewaschenen Wäsche finden, aber auch dies ändert sich im entsprechenden Alter.

Manche Katze meidet auch auf einmal ihren Lieblingsfensterplatz oder ihren Stammplatz auf dem Sofa, Sessel oder Schrank. Die Gründe könnten hierfür Arthrose sein, denn wenn die Gelenke anfangen, Probleme zu machen, wird sie jegliche Sprünge und auch Kletteraktionen vermeiden, lange bevor Sie es bemerkt haben.

Hier ist die Katze mehr als dankbar, wenn Sie ihr den Aufstieg so leicht wie möglich machen, indem Sie ihr zum Beispiel einen Stuhl oder Sessel unter das Fenster stellen, so dass sie in Etappen mühelos hoch- und auch wieder runterkommt. Das Gleiche gilt für das Erreichen von hohen Plätzen. Vor diese kann man beispielsweise einen geeigneten Kratzbaum stellen, der die Katze dann in kleinen Schritten nach oben führt. Es gibt im Handel mittlerweile auch verschieden hohe Katzentreppen, die Sie zum Beispiel vor das Sofa, den Schrank oder die Fensterbank stellen können. Versicherungsverkäufer sprechen gerne die Unfallgefahr alter Wohnungskatzen an. In ihrem Fall trifft die Unfallgefahr sicher zu, denn manch starrsinnige alte Mieze möchte wie immer auf den Schrank. Und wenn die Gelenke das nicht mehr mitmachen und sie nicht mehr wirklich fit ist, kann es zum Absturz kommen. Da die Falldistanz recht kurz ist, wird sie mit Sicherheit nicht auf allen Vieren landen und das Risiko rückwärts aufzukommen ist hoch. Also, machen wir es unserer Katze leicht, indem wir sie unterstützen und ihr trotzdem ihre Selbständigkeit lassen.

Kapitel 2

Die alte Freigängerkatze

Wird die Einzelkatze als Freigänger gehalten, so wird sie draußen mit Artgenossen konfrontiert, schließt Freundschaften, hat Rivalen, kann jagen, toben und spielen und hat ausreichend Bewegung.

In freier Natur macht das Gasgeben doppelt Spaß.

Auch Auseinandersetzungen mit Rivalen fordern alle ihre Sinne und sorgen für einen gesunden Bewegungsablauf. Sie altert in der Regel langsamer, bei ihr hat man das Gefühl, als wäre ihr Alter stehen geblieben. Freigänger bleiben länger fit und machen dann meistens einen »Sprung« ins Alter. Bei ihnen merkt man, dass sie in die Jahre kommen, sobald sich ihre Ausflüge verkürzen und sie sich immer mehr im Haus aufhalten. Wenn sie Freigang über eine Katzenklappe haben, können sie das auch im Alter noch problemlos selbst steuern, denn alte Katzen fühlen sich sicherer, wenn sie jederzeit ins Haus zurückkönnen. Es gibt leider auch Katzen, die draußen so lange ausharren müssen, bis ihre Halter sie reinlassen. Das mag die junge Katze weniger stören, im Alter kann das allerdings verheerende Folgen für die Gesundheit der Katze haben. Wenn die alte Katze sich bedroht fühlt, hat sie kaum eine Chance,

sie wird in den meisten Fällen den Kampf gegen einen jüngeren und vitalen Artgenossen verlieren. Ihre Fluchtwege, die sie jahrelang hatte, erreicht sie nicht mehr in derselben Geschwindigkeit und Verletzungen werden sich dadurch häufen.

Im Winter werden ihr Urogenitalsystem und auch ihre Atemwege schneller angegriffen, es häufen sich auch hier Krankheiten, die oftmals sehr schmerzhaft sind. Da zudem die Leistung der Sinnesorgane und die Reaktionsfähigkeit der Katze im Alter nachlassen, kommt es vermehrt zu Unfällen jedweder Art. Verletzte Katzen, sei es durch Unfälle oder Beißereien, ziehen sich sofort zurück. Sie schleppen sich mit letzter Kraft nach Hause, um in Sicherheit zu sein. Nach Katzen, die nach einem Kampf nicht ins Haus gekommen sind, sucht man oft tagelang. Durch ihren Instinkt verstecken sie sich an einem für sie sicheren Ort, um nicht

Neue Gebiete in Nachbars Garten werden gerne erkundet.

noch weiteren Gefahren zum Opfer zu fallen. Leider passiert es auch, dass jede Hilfe für die Katzen zu spät kommt.

Tipp

Versuchen Sie, Ihrer Freigängerkatze den Eintritt in Ihre Wohnung oder Ihr Haus über eine Katzenklappe zu ermöglichen.

Auch Freigängerkatzen mögen keine Veränderungen. Ist die Katze erst einmal in einem gewissen Alter, empfindet sie genau wie die Wohnungskatze Veränderungen als Stress. Vor allem das Thema Umzug spielt bei ihr eine große Rolle und bedarf intensiver Vorbereitung. In den ersten Wochen im neuen Zuhause sollte striktes Ausgehverbot angesagt sein. Diese Zeit kann für Katze und Halter durchaus anstrengend sein, da die Katze ihren Freigang sehr penetrant einfordern kann. Zu ihrer Sicherheit sollten Sie bei einem Nein bleiben. Es kommt immer wieder vor, dass Katzen an ihren alten Wohnort zurücklaufen, weil sie das neue Zuhause noch nicht als ihr Zuhause angenommen haben.

Bei alten Freigängern lässt sich beobachten, dass sie sich im neuen Heim in der Regel erst einmal nur um das Haus herum bewegen, auf der Terrasse bleiben oder sich maximal bis zum angrenzenden Nachbarn vortrauen. Sie wissen selbst wohl ganz genau, dass es besser ist, sich in diesem Alter nicht noch einmal neu behaupten zu müssen. Hat die Katze im Haus schöne Fensterplätze oder einen abgesicherten Balkon, wird sie diese Orte gerne in Anspruch nehmen, denn von dort aus kann sie das Treiben um sie herum optimal beobachten.

Die verwilderten Streunerkatzen haben es da doch erheblich schwerer. Ihnen fehlt es nicht nur an einem sicheren Zuhause, sondern auch

Der Missmut über einen neuen Revierkollegen steht diesem Kater ins Gesicht geschrieben.

Neue Bekanntschaften im eigenen Garten überraschen so manch eine Katze.

an tierärztlicher Versorgung. Die Gefahren für sie sind hoch, deshalb werden herrenlose Streuner meistens nicht einmal halb so alt wie gut versorgte Stubentiger. Dennoch gibt es auch hier Ausnahmen, mit denen ich selbst schon Bekanntschaft gemacht habe. Es ist erstaunlich, wie manche Katzen das geschafft haben, so alt zu werden. Sind Bauernhöfe oder Reitställe in der Gegend, findet der Streuner auch im Winter ein warmes Plätzchen und etwas zu Fressen. Ist die Katze im Alter zahnlos, sollte sie im Haus gehalten werden. Ein Streuner hat ohne Zähne keine wirkliche Überlebenschance. Die wichtigen Eckzähne verlieren Katzen meist als letztes. Was uns doch wieder zeigt, dass wir kleine Raubtiere zu Hause haben.

Bei dieser alten Selkirk Katze erkennt man deutlich, dass die für sie wichtigsten Zähne noch erhalten sind. Alle anderen fehlen bereits.

Kapitel 3

Der Mehrkatzenhaushalt

Katzen, die in Gesellschaft leben, sei es als reine Wohnungskatzen oder als Freigänger, haben meistens das Glück, älter zu werden. Sie altern auch langsamer. Die Wohnungskatzen leben in der Gemeinschaft glücklicher und gesünder, da sie genügend Bewegung und Artgenossen haben, von denen sie immer wieder gefordert werden.

Schnappschuss zweier Katzen beim täglichen Fitnesstraining. Viel Spaß trotz 13 Jahre Altersunterschied.

Schnappschuss – der Alte mischt noch mit und will immer beim Spiel dabei sein. Durch seine Artgenossen bleibt er aktiv.

In den aktiven Jahren haben sie sich viel bewegt, gespielt und ihre Gefährten beobachtet. Das hält jung, nicht nur den Körper, sondern auch den Geist. Unter diesen Katzen gibt es die »jungen Alten«, die noch munter mit den Jungen mitmischen, sich gerne am Spiel beteiligen und auch nach wie vor ihre Plätze verteidigen. So schnell lassen diese sich nicht die Butter vom Brot nehmen und sich zum alten Eisen stellen. Trotzdem stellt sich auch bei diesen Katzen der Alterungsprozess mit einem erhöhten Bedürfnis nach mehr Ruhe und Schlaf ein, nur eben später. Ich hatte schon einige alte Katzen, die in der Gemeinschaft mit jungen Artgenossen gelebt haben, darunter auch zugelaufene Freigänger. Fast alle waren bis zuletzt aktiv und hatten Spaß und Freude, wenn sie Beschäftigung hatten.

Katzen, die im Verband leben, sind meiner Meinung nach viel flexibler bei der Verarbeitung von Veränderungen. Sie stellen sich schneller auf eine neue Situation oder eine neue Umgebung ein. Vielleicht liegt das an den jüngeren Katzen, die eben viel gelassener und sehr neugierig auf alles Neue reagieren. Vielleicht haben sie auch im Laufe ihrer Jahre gemerkt, dass doch immer alles gut war und ihnen nie etwas passiert ist.

Ist eine Katze ängstlicher, orientiert sie sich an den mutigeren Katzen. Wenn sie merkt, dass den Freunden nichts passiert, fasst auch sie schnell wieder Vertrauen in eine neue Situation.

Bei Katzen, die im Verband altern, merkt man kaum, dass sie älter werden, außer dass sich das eine oder andere Zipperlein mal meldet. Natürlich sind auch diese alten Katzen dankbar für jede Erleichterung, die wir ihnen schaffen. Wie schon erwähnt: Das Einrichten einer »Hilfe«, um noch problemlos den Lieblingsplatz am Fenster zu erklimmen.

> ## Tipp
>
> *Falls sich Treppen im Haus befinden, sollten die Stufen mit Sisal-Streifen belegt werden, damit die alten Katzen beim Treppengang mehr Sicherheit bekommen.*

Treppen werden im Alter von Katzen nicht mehr gerne gelaufen.

In der Regel werden die Jungen nicht bösartig gemaßregelt. Der alte »Chef« will seine Würde behalten. Weil diese Situationen ohne Aggression stattfinden, müssen wir nicht eingreifen. Das Ganze endet meist im Spiel.

Die alten Katzen im Verband behalten meistens ihre Stellung. Ausnahmen sind hier bei Züchtern zu finden, die potente, unkastrierte Katzen halten, oder auch in Katzengruppen auf Bauernhöfen, die ebenfalls meistens unkastriert dort leben. Bei den potenten Katzen, egal ob Kätzin oder Kater, verändert sich die Rangfolge gegenüber den Kastraten nicht oder nur sehr selten. Die Potenten bleiben immer im Rang vorne. Sind alle Katzen in einem Haushalt kastriert, dann behalten die Alten ihre Würde und die Jungen bringen ihnen auch den nötigen Respekt entgegen.

Schön ist es immer wieder zu sehen, wie sich die älteren Katzen in die Spiele der jungen Hausgenossen einklinken, zwar langsamer, aber sie tun es. Sie sind nicht nur dabei, sondern für ein paar Minuten auch mittendrin im kätzischen Spiel. Ab einem gewissen Alter fängt es allerdings auch die eine oder andere alte Katze an zu nerven, wenn die jungen Helden ständig auf ihr rumturnen, sie fühlt sich dann tyrannisiert und kann die jungen Wilden auch mal heftig maßregeln. In solche Streitigkeiten braucht man in der Regel nicht einzugreifen, denn die jüngeren Katzen verstehen diese deutliche Sprache und Grenzensetzung.

Katzen lieben fließendes Wasser, sie werden dadurch zum Trinken animiert.

Ein sehr wichtiges Thema ist die Flüssigkeitsaufnahme – das Trinken. In einem Mehrkatzenhaushalt ist es schwierig zu erkennen, ob die alte Katze genügend trinkt, wie oft sie ihr Katzenklo aufsucht und wie viel sie frisst. Hier sind wir als Halter gefordert, das genau zu prüfen. Optimal ist es, wenn an verschiedenen Plätzen in der Wohnung oder im Haus Wasserschüsseln stehen. Auch die alte Katze zieht es zur »Wasserstelle«, wie auch ihre wild lebenden Artgenossen.

Die Wasserschüssel sollte nicht neben dem Futternapf stehen, denn an diesem Platz wird so gut wie nie getrunken. Im Zoofachhandel werden verschiedene Trinkbrunnen angeboten. Katzen mögen es, aus diesen Brunnen zu trinken. Sie fühlen sich zu fließendem Wasser hingezogen, vor allem dann, wenn sie in jungen Jahren aus dem laufenden Wasserhahn trinken durften.

Darauf sollten Katzenhalter grundsätzlich achten

Der jährliche Gesundheitscheck beim Tierarzt muss eingehalten werden. Weichen die Nieren-, Blutzucker- und Schilddrüsenwerte nur minimal von den Normalwerten ab, kann ggf. frühzeitig mit einer Therapie begonnen werden. Egal ob Freigänger- oder Wohnungskatze: ab einem Alter von 10 Jahren sollte vermehrt auf die Bedürfnisse und Veränderungen der alternden Katze eingegangen werden.

Keine Katze geht gerne zum Tierarzt. Bei manchem Katzenblick kommen wir in Versuchung, den Tierarzttermin zu verschieben. Es geschieht zu ihrem Wohle, deshalb müssen im Alter die Arzttermine konsequent eingehalten werden.

Nicht immer lässt sich rechtzeitig ein geeignetes Versteck finden.

Diese Freigängerin hat wohl noch keine Probleme mit Knochen oder Gelenken.

Man sollte lieber einmal mehr den Tierarzt aufsuchen als einmal zu wenig, denn es kann schnell etwas übersehen werden. Wenn die Nieren, Leber oder die Bauchspeicheldrüse in Mitleidenschaft gezogen sind, kann das Katzenleben schneller zu Ende gehen, als wir es uns erhofft haben.

Das Leben wird für unsere alternde Freigängerkatze umso gefährlicher, je älter sie wird. Das Unfallrisiko steigt. Ihr Bewegungsapparat macht die schnellen Sprünge nicht mehr mit, da sich die Muskelmasse abbaut. Sie kann unter Arthrose, Arthritis oder Rheuma leiden. Dies bedeutet, dass sie es nicht mehr mal eben schnell auf einen Baum schafft, wenn der Nachbarshund ihr hinterherjagt. Bei Auseinandersetzungen mit Rivalen kann unsere alternde Freigängerkatze nicht mehr so gut gegenhalten. Ihre Reaktionsfähigkeit sowie Hör- und Sehkraft lassen nach. Es kommt durchaus vor, dass sie sich nicht mehr so gut orientieren kann und lange unterwegs ist, bis sie wieder zu Hause eintrifft. Oftmals ruht sie im Gefahrenbereich von Straßen. Nicht jeder Autofahrer mag Katzen und legt für sie eine Vollbremsung hin.

Kapitel 4

Ernährung der alten Katze

Viele alte Katzen verlieren an Gewicht, oftmals werden sie sogar zu dünn. Selbst die Katzen, die uns jahrelang damit beschäftigt haben, wie wir sie etwas schlanker bekommen, machen uns nun auf einmal großen Kummer.

Ab einem gewissen Körpergewicht bewegen sich Katzen nicht mehr so gerne. Sie bevorzugen den ruhigeren Tagesablauf.

Diabetes ist bei alten Katzen keine Seltenheit. Je höher das Körpergewicht, umso höher das Risiko.

Die mäkelige Katze wird noch mäkeliger, da Geruchs- und Geschmacksinn im Alter nachlassen. Die Katze, die alles mochte, und immer viel zu viel gefuttert hat, mag jetzt auf einmal kaum noch den Futterplatz aufsuchen. Es gibt auch die bewegungsfaulen Katzen, die sich im Alter noch weniger bewegen und einfach anfangen, Übergewicht zu produzieren. Diese Katzen sollten ein kalorienreduziertes Futter bekommen, da ihnen Übergewicht schadet. Es kann zu Diabetes führen, Leberprobleme verursachen und das hohe Gewicht tut auch den Gelenken nicht gut. Bei alten Katzen sollte also auf jeden Fall auf das Körpergewicht geachtet werden. Die Nahrung muss artgerecht und auf ihr Alter abgestimmt sein. Das heißt nun: viele kleine Portionen, nicht mehr zwei große Portionen am Tag. Die kleineren Portionen über den Tag verteilt bekommen der alten Katze viel besser. Es ist gesünder für ihren Verdauungsapparat, die Nahrung wird besser verstoffwechselt und man beugt der Verstopfung vor, unter der viele alte Katzen leiden. Die Nahrung sollte im Alter leichter und bekömmlicher sein, das heißt wenig Kohlenhydrate und fettarm, dafür mehr hochwertiges Eiweiß, wie Fisch, Geflügel und mageres Fleisch, da der Bedarf an

Bei Perserkatzen spiegelt sich die gesunde Ernährung besonders im Fell wider, es glänzt und lässt sich gut kämmen. Wird die Katze schlecht, beziehungsweise falsch ernährt, wird ihr Fell schnell filzig und stumpf.

Proteinen im Alter besonders wichtig ist. Außer sie leidet an einer Nierenerkrankung, denn dann rät der Tierarzt in den meisten Fällen zu einer eiweißreduzierten Kost. Proteinmangel beschleunigt nicht nur den Muskelabbau, sondern auch den Alterungsprozess an sich. Selbstverständlich sollten alle Vitamine, Mineralstoffe und Spurenelemente ebenfalls in der Nahrung katzengerecht vorhanden sein, denn hier steigt der Bedarf im Alter ebenfalls. Auch ein Zusatz an Omega 3 + 6-Fettsäuren tut unserer alten Katze gut, vor allem, wenn sie unter Hautkrankheiten oder struppigem und schuppigem Fell leidet sowie an Infektionskrankheiten und Herz-

und Altersleiden. Omega 3-Fettsäuren besitzen viele gute Eigenschaften, wirken entzündungshemmend und tragen zur allgemeinen Gesunderhaltung bei.

Wenn Ihre Katze das Barfen (Rohfütterung) gewöhnt ist, schneiden Sie die Fleischstückchen etwas kleiner als sonst, setzen hier wie gewohnt Gemüse und Obst dazu und die wichtigen Ergänzungen wie z. B. Taurin für die Rohfütterung.

Eine weitere Möglichkeit der Futterzubereitung ist das Selberkochen. Auch hier sollten Gemüse und Obst nicht fehlen sowie die Nahrungsergänzungen in Form von Vitaminen und

Mineralstoffen. Die meisten Katzenhalter füttern ihren Tieren Fertigfutter. Nicht nur, weil es schneller geht, sondern man hat auch die Gewissheit, wenn man sich für ein gutes Futter entschieden hat, dass die Katze alles bekommt, was sie zur Gesunderhaltung benötigt.

Versuchen Sie Ihre Katze langsam auf getreidefreies Futter umzustellen. Wenn die alte Katze kein getreidefreies Futter ohne Geschmacksverstärker gewöhnt ist, ist es ratsam, dieses Futter langsam einzuführen. Egal ob es sich hier um Trocken- oder Nassfutter handelt.

Haben Sie Geduld, und mischen Sie am Anfang nur etwas des neuen Futters darunter, vor allem dann, wenn das Futter viele gesunde Kräuter und Beeren enthält, damit es auch sicher akzeptiert wird. Mittlerweile gibt es unzählig viele getreidefreie Fertigfutter, ob Nass- oder Trockenfutter, und auch Leckerlis. Diese Nahrung bietet der Katze, was sie benötigt, nämlich Eiweiß und nur wenig Kohlenhydrate, viele Vitamine in der richtigen Zusammenstellung und außerdem die wichtigen Omega-Fettsäuren und Mineralstoffe. Es gibt mittlerweile auch Trockenfutter, das Cranberries und andere Früchte enthält, die nicht nur gut für das Harnwegsystem sind, sondern auch bioaktive Stoffe enthalten und somit ein sehr gutes Antioxidants sind. Bei Krebserkrankungen und Allergien ist es wichtig, auf das Getreide im Futter zu verzichten.

Zwar lässt der Geruchssinn im Alter nach, aber eine Katze hat dennoch ein extrem feines Näschen. Darum sollten Sie kein Risiko eingehen und die Fütterung im Hauruck-Verfahren umstellen. Es gibt sehr gutes Futter auf dem Markt und es muss nicht unbedingt die Aufschrift

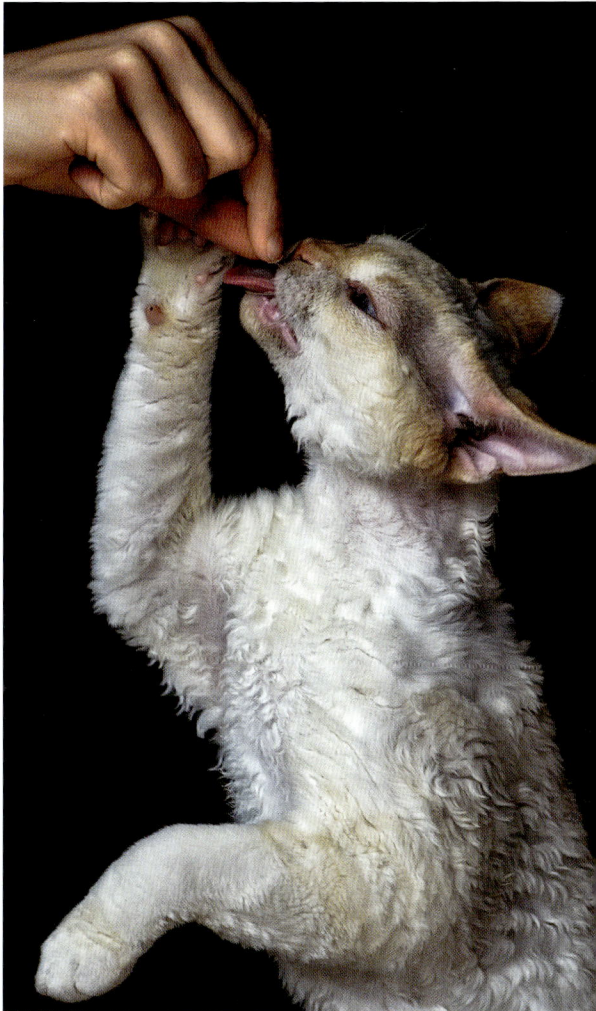

Wenn Katzen mäkelig sind und an Gewicht verlieren, sollten wir sie verwöhnen und sie mit gesunden Leckerchen aus der Hand füttern.

»für Katzensenioren« haben. Wichtig ist nicht was auf der Packung steht, sondern was in der Tüte oder in der Dose drin ist.

Hier hat die Mahlzeit geschmeckt.

Warum ist der Tisch denn leer?

Tipp

Bei Erkrankungen des Zahnapparates empfiehlt es sich, erst einmal das Futter aus der Dose zu geben, bis alles verheilt ist oder das Trockenfutter kurz mit heißem Wasser übergießen, damit es aufweicht und der Katze beim Kauen keine Schmerzen bereitet. Bei Rohfütterung oder selbst Gekochtem empfiehlt es sich, das Fleisch durch den Fleischwolf zu lassen oder das Futter zu pürieren, falls es einen operativen Eingriff gegeben hat oder ihr Zähne entfernt wurden. Nach einer ganz kurzen Zeit wird auch die alte und zahnlose Katze wieder Trockenfutter, Fleisch und Fisch zu sich nehmen und zwar ganz problemlos – ich sage dann immer »sie kaut jetzt auf den Felgen«, da sie sich oftmals nicht ganz auf Nassfutter umstellen lässt. Falls sie nur Fleisch und Fisch bekommt, sollte man darauf achten, dass die Stückchen klein geschnitten werden, nicht dass sie ihr im Hals stecken bleiben, denn Fleisch ist faserreich und sollte gut gekaut werden.

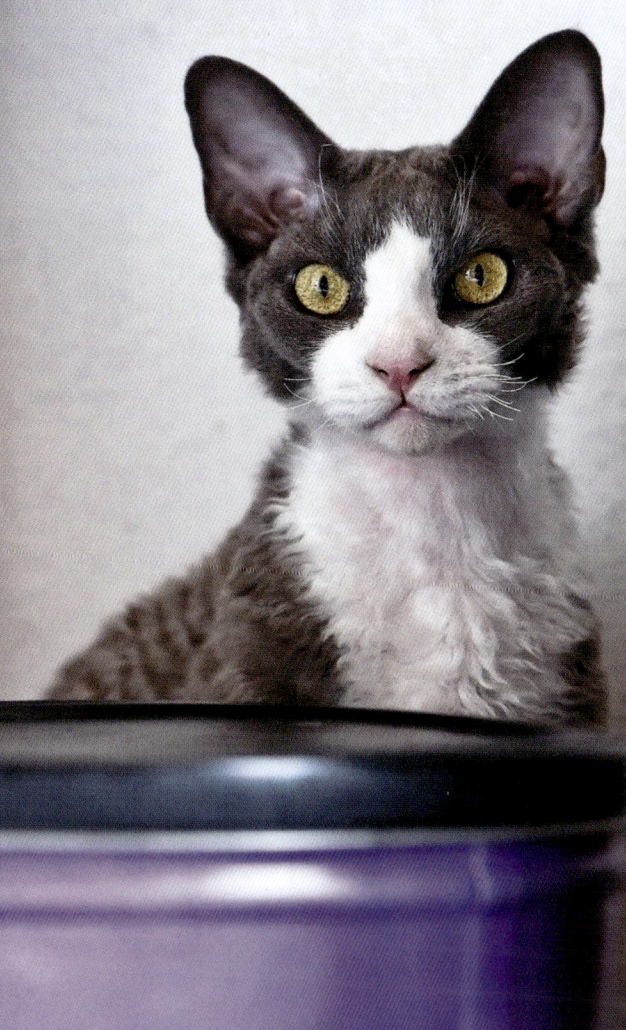

Wir dürfen nicht vergessen, dass Katzen Jäger sind und sie auch im Alter Fleischfresser bleiben. Viele Katzen lieben Naturjoghurt oder Hüttenkäse, von dem man selbstverständlich gerne etwas verfüttern darf oder auch dem Gekochten oder der Rohfütterung beimengen kann. Laktosefrei bekommt der Katze besser, außer sie hat Verstopfung, dann ist laktosehaltiger Joghurt ein natürliches Abführmittel, der die Verdauung wieder schnell in Schwung bringt.

Leckerlis gibt es mittlerweile auch aus reinem Fleisch beziehungsweise mit Kräutern und Gemüse zugesetzt. Diese artgerechten Futtermittel sind zwar etwas teurer, durch sie bleibt die Katze aber länger gesund und fit.

Tipp

Stellen Sie bitte nicht von sich aus das Futter auf Nierendiät oder eine andere Diät für erkrankte Katzen um. Solche Umstellungen sollten immer in Absprache mit einem Tierarzt erfolgen und nur dann, wenn die Diagnose dies auch verlangt.

Wann gibt es etwas zu fressen? Katzen wissen sehr schnell, in welchen Dosen wir ihr Futter aufheben.

Kapitel 5

Pflege der alten Katze

Ab einem gewissen Alter fällt es Katzen schwer, sich selbst intensiv zu putzen, wie sie es in jüngeren Jahren regelmäßig getan haben.

Das Putzen gehört zu jeder Katze. Viele alte Katzen pflegen sich noch ganz gut selbst.

Perserkatzen benötigen besonders viel Pflege im Alter.

Dies liegt zum einen daran, dass insgesamt ihre Aktivität nachgelassen hat, zum anderen, dass sie in ihren Bewegungen eingeschränkt ist. Für uns Katzenhalter bedeutet das, dass wir diese Aufgabe zu übernehmen haben. Nicht nur die Fellpflege ist wichtig, sondern auch die Krallenpflege. Bei alten Katzen kommt es immer wieder vor, dass sie zu lange oder gar eingewachsene Krallen haben. Sie hat dadurch Probleme und Schmerzen beim Gehen. Wenn man die Krallenpflege nicht selbst übernehmen möchte oder kann, sollte man dies von seinem Tierarzt durchführen lassen. Er weiß, wie weit die Krallen gekürzt werden dürfen, ohne dass es zu Verletzungen kommt.

Regelmäßiges Bürsten ist nun vermehrt angesagt, hier eignen sich bei Kurzhaarkatzen die Gummi-Noppenbürsten. Mit ihnen erhält die Katze zusätzlich eine angenehme Massage und es besteht keinerlei Verletzungsgefahr, sollte die alte Katze einige Warzen auf der Haut haben. Mit dieser Wohlfühlmassage schenken wir unserer alten Katze Zuwendung und auch Geborgenheit.

Bei Langhaarkatzen und bei Nacktkatzen kommt das feuchte Reinigen beziehungsweise das regelmäßige Baden dazu. Diese beiden Rassen sind das Waschen meistens schon von klein an gewöhnt und werden deshalb im Alter nicht davor erschrecken.

Dann lieber auf die Treppe. Katzen, die das Behandeln oder Säubern nicht gewohnt sind, empfinden dieses als unangenehm und fremd.

Auch die Augen und Ohren sollten bei der Katze nun öfter einmal genauer angeschaut werden. Sind diese verschmutzt, sollte man sie vorsichtig reinigen. Putzt sie sich grundsätzlich nicht mehr nach ihrem Toilettengang, muss man auch hier aktiv sein. Dafür eignet sich ein weiches Papiertaschentuch, das vorher angefeuchtet wurde.

Die wenigstens Katzenhalter schauen ihrer Katze regelmäßig ins Maul, außer sie gähnt gerade. Dadurch wird oft sehr spät bemerkt, dass sich Zahnstein, kleine Geschwüre und Entzündungen gebildet haben. Meistens wird man erst darauf

aufmerksam, wenn sie aus dem Maul übel riecht und schlecht frisst. Das Thema Zahnpflege gestaltet sich etwas schwieriger, wenn es Ihre Katze nicht gewohnt ist, dass man ihr regelmäßig die Zähne putzt. Sie wird sich daran gewöhnen, wenn man sie behutsam damit vertraut macht. Zähneputzen bei Katzen verhindert Zahnstein und Entzündungen, erspart ihr dadurch so manche Narkose und erleichtert ihr die Nahrungsaufnahme. Hier kann man spielerisch beginnen und erst einmal sich etwas von der speziellen Zahncreme auf den Finger geben. Oder man kann einen Fingerling aufziehen und ihn einfach seitlich in das Katzen-Mäulchen schieben und druckfrei hin- und herreiben.

So macht Küssen wieder Freude, wenn der lästige Geruch endlich weg ist.

Tipp

Die speziellen Zahnpasten für Katzen haben einen angenehmen Geschmack und werden gut angenommen. Wenn die Katze und Sie sich daran gewöhnt haben, kann man für diese Prozedur nun das Zahnbürstchen einsetzen. Ich hatte einen Kater, der das Zähneputzen jeden Abend einforderte, obwohl einmal pro Woche bei ihm ausgereicht hätte. Also putzte ich ihm dann jeden Abend die Zähne mit seiner Lieblingszahnpasta. Er hatte an den Zähnen und am Zahnfleisch nie wieder Probleme.

Kapitel 6

Beschäftigung und Fitness für ältere Katzen

Die meisten Katzen spielen bis ins hohe Alter. Ab einem gewissen Punkt nicht mehr mit derselben Energie wie in jungen Jahren, aber sie lieben es, wenn man sich mit ihnen beschäftigt.

Alles was sich bewegt, weckt das Interesse der Katze.

Cat Catcher mit Federn erfreuen auch alte Katzen und wecken ihren Jagdtrieb.

Am Spiel mit den jüngeren Katzen kann sie sich nicht mehr so rasant beteiligen.

Wenn man ältere Katzen in ihrer wachen Phase aktiviert, kommen ihr Spiel- und Jagdtrieb wieder zum Vorschein. Zum Spielen eignen sich Schnüre oder auch die Cat Catcher, an deren Ende Federn oder eine Spielmaus angebracht sind. Bei Federspielzeug kann keine Katze widerstehen, egal wie alt sie ist. Das ist auch gut so, damit sie in Bewegung bleibt, ihre Sinne angeregt werden und sie ein Erfolgserlebnis hat.

> **Tipp**
>
> *Man sollte darauf achten, dass man die alte Katze beim Spielen nicht überfordert. Wenn ihr Interesse nachlässt, sollte man sie auch wieder ruhen lassen, da ihre aktiven Phasen im Alter kürzer werden.*

*Nicht jedes Spielge-
rät wird als solches
erkannt und ange-
nommen.*

Viele Katzen mögen Fun- oder Activity-Boards sowie sonstige Futterangelgeräte, aus denen sich die Katze ihr Trockenfutter oder ihre Leckerlis selbst erarbeiten muss. Es macht den Katzen Spaß, sich das Futter zu ergattern. Sie müssen ihren Geist einsetzen und haben am Ende Erfolg.

Bewährtes Spielzeug sind auch Kartons oder Packpapier. Alles, was Krach macht oder knistert, wenn man darüberläuft, lieben alte Katzen. Wenn Sie lange außer Haus sind, sollten Sie solche Abenteuer-Spielplätze für Ihre Katze einrichten. So kann sich die Katze wunderbar selbst beschäftigen und Spaß haben.

Tipp

Beschäftigung und Bewegung im Alter hält jung, deshalb ist es wichtig, sich ein paar Minuten am Tag Zeit zu nehmen und sich seiner alten Katze intensiv zu widmen. Ist die Katze schon sehr betagt, sieht und hört schlecht, läuft nicht mehr gut, sollte man die Spiele und Beschäftigungsideen gezielt auswählen. Ansonsten sind einfach ganz viele Streicheleinheiten zu ihren wachen Zeiten angesagt, denn diese geben der alten Katze Vertrauen und Sicherheit.

Maine Coon Kätzin im aktiven Spiel mit einem Cat Dancer.

Kapitel 7

Gesundheitsvorsorge der alternden Katze

Alte Katzen sind empfindlich, sie brauchen mehr Wärme und reagieren selbst auf etwas Zugluft möglicherweise mit Schnupfen und Husten. In jedem Haushalt wird es ein Plätzchen für Omi oder Opi geben, an dem es nicht zieht. An diesen Standort sollte das Lieblingskörbchen oder die Kuschelhöhle kommen.

Kuschelkörbchen, Sessel und Höhlen gibt es in vielen Variationen für Katzen. Die meisten alten Katzen nehmen diese warmen Plätze dankbar an.

Diese Sprünge sind im Alter leider nicht mehr möglich.

Ab dem zehnten Lebensjahr sollte man besonders darauf achten, dass der jährliche Gesundheitscheck beim Tierarzt stattfindet, auch wenn wir keinerlei Veränderungen oder Krankheitsanzeichen festgestellt haben. Bei diesem Check wird ein so genanntes geriatrisches Profil erstellt. Dies ist zum einen die Blutentnahme, da bei alten Katzen nicht nur die Nierenwerte überwacht und kontrolliert werden sollten, auch Blutzucker, Schilddrüse und Leber machen im Alter oft Probleme. Stellt man frühzeitig hier schon eine kleine Differenz fest, kann mit der entsprechenden Medikation das Schlimmste vermieden werden. Auch das Herz-/Kreislaufsystem und die Gelenke werden beim jährlichen Check-up untersucht sowie Ohren, Augen, Zähne und die Maulhöhle. Der alte Katzenkörper neigt mehr zu Tumoren, die Ihnen wahrscheinlich beim Streicheln und Knuddeln auffallen werden. Wenn Sie hier nur einen winzig kleinen Knubbel ertasten, sollten Sie keinen Tag verlieren und einen Tierarzt aufsuchen.

Bitte schauen Sie bei Krankheitsanzeichen Ihrer Katze nicht erst Ihre Hausapotheke durch. Medikamente sollten grundsätzlich immer in Rücksprache mit dem behandelnden Tierarzt gegeben werden.

Gesunde Nahrungsergänzungsmittel wie Grünlippmuschel-Extrakt bei Gelenkerkrankungen und Arthrose, kurweise L-Lysin (eine essentielle Aminosäure) zur Unterstützung des Immunsystems sowie Omega 3- und 6-Fettsäuren können Sie nach Empfehlung gerne der alten Katze eingeben.

Auch Taurin ist eine lebenswichtige essentielle Aminosäure, die wichtig für die Sehkraft, den Stoffwechsel und für die Herzfunktion ist. Taurin gibt es in Pulverform und als Tabletten zum Kauen.

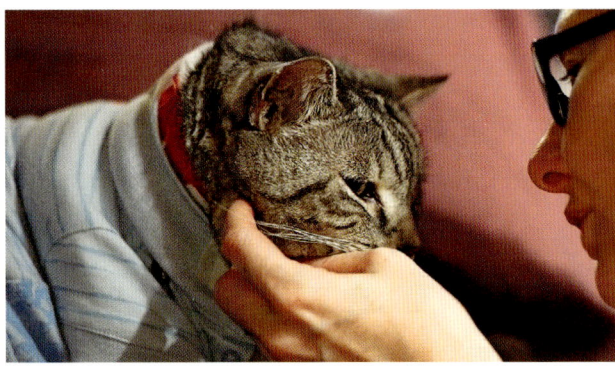

Hier wurde ein bösartiger Knoten in der Speicheldrüse rechtzeitig erkannt. Alten Katzen, die Vertrauen zu ihren Menschen haben, macht es nichts aus, Verbände oder Schutzkleidung zu tragen. Sie genießen regelrecht die Aufmerksamkeit der ihr vertrauten Menschen.

Ein Klinikaufenthalt schwächt die alte Katze. Obwohl sie dort gut versorgt wird, ist es für sie Stress. Besonders nach operativen Eingriffen heißt es, die alte Katze wieder aufzupäppeln und zu verwöhnen.

Dieser Katze sieht man ihr Alter an und auch, dass sie an einer Krankheit leidet.

DR. MED. VET. ANETTE BAUER:
Erkrankungen der älteren Katze

Das Alter einer 10-jährigen Katze ist mit dem eines Menschen von etwa 56 Jahren zu vergleichen. Wie beim Menschen ist es auch bei der Katze sinnvoll, ab einem bestimmten Alter regelmäßig ärztliche Vorsorgeuntersuchungen durchführen zu lassen. Deswegen ist ein jährlicher »Check up« Ihrer Katze zu empfehlen. Dieser beinhaltet eine gründliche Allgemeinuntersuchung und weitere Zusatzuntersuchungen. Ein schönes, glänzendes Fell, ein stabiles Gewicht, ein normaler Herz-Kreislaufapparat, ein unauffälliger Tastbefund des Bauches sind Kriterien für eine gesunde Katze. Abweichungen von solchen normalen Befunden können jedoch auf Krankheiten hindeuten, die, je früher sie erkannt werden, um so besser behandelt werden kön-

nen. Da sich die Tiermedizin in den letzten Jahrzehnten enorm weiterentwickelt hat, lassen sich viele Krankheiten der älteren Katze gut diagnostizieren und auch behandeln, und wir müssen es eben nicht hinnehmen, dass unsere über die Jahre lieb gewonnene Mitbewohnerin leidend älter wird oder sogar »erlöst« wird, obwohl es eine bessere Lösung gegeben hätte!

Die Schilddrüsenüberfunktion (Hyperthyreose) ist eine typische Erkrankung der älteren Katze. Hierbei kommt es zu einer meist gutartigen Vergrößerung der Schilddrüse mit einer überschießenden Hormonproduktion. Das Hormon sorgt für eine Aktivierung der Stoffwechselvorgänge im gesamten Körper. Das Herz muss mehr leis-

Selkirk Katze, die in die Jahre gekommen ist.

Altersbedingte Herzerkrankungen sind bei Katzen im Gegensatz zu Hunden eher selten. Es handelt sich meist um eine verringerte Herzleistung aufgrund eines schwächer gewordenen Herzmuskels. Die Diagnose lässt sich am besten durch eine Röntgen- und eine Ultraschalluntersuchung stellen. Auch für Katzen stehen Medikamente zur Verfügung, die die Herzleistung unterstützen. Häufig stehen altersbedingte Herzerkrankungen im Zusammenhang mit einer Schilddrüsenüberfunktion.

Die chronische Niereninsuffizienz ist eine häufige Erkrankung der älteren Katze und kann jede Rasse betreffen. Es kommt zu einem langsamen Verlust der Nierenfunktion aufgrund unterschiedlicher Ursachen. Erst bei einem Ausfall von mehr als 75 % der Nierenkapazität kommt es zum Auftreten klinischer Symptome.

Häufig ist der Beginn der Erkrankung schleichend, die Katze frisst zunächst schlechter und verliert an Gewicht. Erst im späteren Verlauf der Krankheit beginnt die Katze zunehmend mehr zu trinken (Polydipsie), weil sie immer größere Mengen Wasser über den Urin verliert. Oft wird dies vom Besitzer positiv als »Durchspülen der Nieren« fehlinterpretiert, ist aber eine mangelnde Konzentrationsfähigkeit der Niere und kann sogar bei zu geringer Flüssigkeitsaufnahme zu einer Austrocknung (Dehydratation) führen. Es stellt sich häufig auch Erbrechen ein, da die Niere den Harnstoff nicht mehr ausreichend aus dem Körper schleust und dieser sich in der Magenschleimhaut einlagert (urämische Gastritis). Die Katze magert immer mehr ab und wird schwächer. Leider kann sich die Niere nicht regenerieren, so dass es wichtig ist, diese Erkrankung möglichst schon im Frühstadium festzustellen,

ten, der Grundumsatz ist erhöht und der Blutdruck steigt an. Ein über längere Zeit bestehender erhöhter Blutdruck schädigt unter anderem das Herz und die Nieren.

Fast alle erkrankten Katzen sind älter als 8 Jahre. Sie fallen ihrem Besitzer meist durch einen sehr guten Appetit (Heißhunger) bei gleichzeitigem Gewichtsverlust auf. Häufig sind die Katzen unruhig, haben oft Durchfälle und ein struppiges Fell. Ihr Tierarzt wird beim Abhören des Herzens einen auffallend schnellen Herzschlag (Tachykardie) feststellen und im Zusammenhang mit den oben genannten Symptomen eine Blutuntersuchung bei Ihrer Katze veranlassen, die eine Schilddrüsenüberfunktion zweifelsfrei nachweist. Eine Behandlung kann sowohl über Tabletten erfolgen, die diese zu 99 % gutartige Erkrankung gut in Schach halten; an einigen größeren Kliniken werden Radiojod-Therapien durchgeführt, so dass Ihre Katze von dieser Erkrankung sogar geheilt werden kann.

Betagter Egyptian Mau-Mischling, der nun auch auf sein Körpergewicht achten muss.

damit rechtzeitig Maßnahmen ergriffen werden können.

Für die Diagnose der chronischen Niereninsuffizienz sind eine Blut- und eine Urinuntersuchung erforderlich.

Die Therapie besteht in einer Futterumstellung auf eine eiweißreduzierte Diät, um die Niere in ihrer Funktion zu entlasten. Darüber hinaus erhalten Katzen Infusionen und Medikamente gegen die Übelkeit. Ein frühzeitiger Einsatz blutdruck senkender Medikamente (ACE-Hemmer) hat ebenfalls eine schützende Wirkung auf das noch funktionierende Nierengewebe. Auch wenn die chronische Niereninsuffizienz nicht heilbar ist, so kann durch ein rechtzeitiges Erkennen und Behandeln der Krankheit die Lebensqualität Ihrer Katze deutlich verbessert werden.

Diabetes mellitus kann in jedem Alter auftreten, ist aber häufiger bei älteren Katzen zu finden. Bei dieser Erkrankung mangelt es der Katze an dem in der Bauchspeicheldrüse produzierten Hormon Insulin (oder das vorhandene Insulin funktioniert nicht mehr richtig). Insulin hat im Körper die Funktion, die aus den Kohlenhydraten der Nahrung abgebaute Glukose in die Zellen zu schleusen. Wenn dieser Mechanismus aufgrund eines Mangels an Insulin nicht mehr funktioniert, bleibt die Glukose in der Blutbahn und wird über die Nieren mit dem Urin ausgeschieden. Die Katze setzt große Mengen Urin ab. Dies wiederum führt zu deutlich vermehrtem Durst, die Katze muss viel trinken. Da die Zellen keinen oder viel zu wenig Zucker erhalten, gerät die Katze in einen »Hungerstoffwech-

Alt und gesund, was wünscht Mensch sich mehr.

führt unweigerlich zu Komplikationen wie Infektionen, Nierenproblemen, Leberschäden und Neuropathien. Je früher der Diabetes mellitus erkannt und behandelt wird, umso besser ist die Lebensqualität Ihrer Katze.

Krebserkrankungen treten im fortgeschrittenen Alter häufiger auf. Die Symptome sind sehr unterschiedlich, je nachdem, um welche Krebsart es sich handelt. Tumoren der inneren Organe können am besten durch eine Röntgen- und eine Ultraschalluntersuchung festgestellt werden. Natürlich ist die Prognose immer abhängig von der Krebsart, die diagnostiziert wurde. Dies wird ihr Tierarzt mit Ihnen ausführlich und gewissenhaft entscheiden. Trotzdem hat Ihre Katze immer eine bessere Überlebenschance, je früher ein Tumor entdeckt wird.

Es gibt noch weitere Erkrankungen der älteren Katzen, die hier nicht aufgeführt werden. Anhand der oben beschriebenen Beispiele zeigt sich, dass eine regelmäßige Untersuchung Ihrer Katze ein frühzeitiges Erkennen und Behandeln einiger Krankheiten ermöglicht. Dies führt in vielen Fällen zu einer verbesserten Lebensqualität der Katze im Alter.

sel« und verliert trotz bestem Appetit und gutem Futter an Gewicht. Das Fell wird stumpf, mitunter zeigen sich aufgrund der Schwäche Gangstörungen und die Katze läuft auf der ganzen Ferse.
Ein erhöhter Blutzuckerspiegel und Glukose im Urin sichern die Diagnose Diabetes mellitus. Eine zusätzliche Sicherheit bietet die Bestimmung des Fruktosamin-Wertes im Blut.

Diabetes kann meistens nicht geheilt, aber sehr erfolgreich behandelt werden. Zwar muss das Insulin täglich gespritzt werden, aber erfahrungsgemäß entwickelt sich bei den Besitzern eine Routine und Ihre Katze wird es Ihnen danken. Denn mit dem zugeführten Insulin kann sie so wieder ein fast normales Katzenleben führen. Ein nicht behandelter Diabetes mellitus

Kontaktadresse
Dr. med. vet. Anette Bauer
Hansastraße 21
23683 Scharbeutz

Sylvia Esch-Völkel:
Die homöopathische Behandlung von alten Katzen

Katzen im gehobenen Alter lassen sich gut homöopathisch behandeln. Die Zellregeneration mag zwar verlangsamt sein, aber dennoch verfügt eine alte Katze über ein eigenes Immunsystem, welches man gut unterstützen kann. Katzen sind im Alter oft anfälliger für Krankheiten. Ich würde auf alle Fälle zwischen Gesundheitsvorsorge und Krankheiten bei älteren Tieren unterscheiden.

Mit den Jahren verändert sich der Stoffwechsel, weshalb man die Nahrung nicht außer Acht lassen sollte. Die Senioren dürfen weder zu dick noch zu schlank werden und Sie sollten regelmäßig etwas für die wichtigsten Stoffwechselorgane tun, vor allem Herz, Darm und Nieren.

Die Erfahrung zeigt, dass homöopathisch behandelte Tiere einen sanfteren Weg finden, in den Tod zu gehen und brauchen deswegen keine »erlösende Spritze« vom Tierarzt. Wir wollen hier aber nicht vom Tod sprechen, sondern darüber, wie Sie Ihren Senioren behandeln können. Die Beschwerden des Alters können gemildert oder ausgeschaltet werden, indem man rechtzeitig vorbeugend mit der sanften Aktivierung der nachlassenden Körperfunktionen beginnt.

Homöopathische Mittel zur Unterstützung der alternden Katze

Acidum formicicum D30 bei eher schlanken Tieren, die zu Erkrankungen im rheumatischen Formenkreis neigen und besonders bei Wetterwechsel Symptome wie Muskelschmerzen oder Lahmheiten aufweisen.

Ambra D6 ist ein Mittel, das Barium carbonicum unterstützt.

Arnika D4 wenn alles verlangsamt ist, wenn die Katze müde oder erschöpft ist und früher sehr temperamentvoll war und voller Lebensfreude steckte.

Arsenicum album D6 oder **D12** wenn Katzen älter aussehen als sie sind, häufiger trinken als sonst, die Wärme aufsuchen, Haut und Fellkleid fettig und schuppig erscheinen. Besonders nach Krankheit und nächtlicher Unruhe und Abmagerung sollten Sie an dieses Mittel denken.

Bryonia D4 wenn die Katze Probleme im Bewegungsablauf hat und sich nach dem Aufstehen nur schwer einläuft. Auch bei chronischem Husten ist das das Mittel der Wahl.

Carbo vegetabilis hilft Katzen, die in der Nacht mit absinkendem Blutdruck zu kämpfen haben. Dies zeigt sich durch Frieren, der ganze Körper zittert, oder dadurch, dass sie sich unwohl fühlen und deswegen miauen.

Calcium carbonicum D12 bekommen die Katzen, wenn sie bis ins hohe Alter fett und übergewichtig sowie träge sind. Bei beginnendem Altersstar ist es ebenfalls angezeigt.

Calcium fluoratum D12 ist das Mittel der Wahl bei starker Haarzottenbildung mit Abmagerung. Auch dieses homöopathische Mittel ist gut geeignet bei Altersstar.

Barium carbonicum D4 bei Vergesslichkeit. Es gibt Katzen, die unsauber werden, weil sie nicht mehr wissen, wo ihre Katzentoilette steht. Die Katzen, die dieses Mittel benötigen, können auch Herzbeschwerden oder Hautprobleme, wie z.B. Grützbeutel oder Fettgeschwüre, aufweisen. Bei Grützbeutel gerne auch in Kombination mit Calcium fluoratum D12.

Kalium carbonicum D4 kräftigt Herz und Nieren. Ist Ihre Katze zu dick und trinkt viel? Läuft sie steif und weist sie bereits ein beginnendes Lungenödem auf? Dann ist dieses Mittel das Richtige.

Sepia D8 ist angezeigt bei einem schwachen Bindegewebe, Hängebauch, Harnträufeln oder wenn das Fell struppig erscheint und schnell verfilzt.

Crataegus D2 wird gerne als Pflegemittel des Herzens bezeichnet, die Tiere sind müde schlapp und schlafen viel. Bei nächtlicher Unruhe, Atemnot, trockenem Husten und Herzgeräuschen ist das das Mittel der Wahl.

Lycopodium D12 oder *D30* wenn Leber- und Nieren eine Schwäche aufzeigen, die Senioren wenig Futter zu sich nehmen und der Kot eher fest ist. Blähungen können ebenfalls auftreten.

Mercurius solubilis D 200 in seltenen Gaben wie z.B. alle 14 Tage hilft, wenn viel getrunken und wenig Urin ausgeschieden wird.

Solidago ist ein wichtiges Mittel, das die Nieren- und Blasenfunktion unterstützt. Es sollte einer alten Katze kurweise in einer niedrigen Potenz verabreicht werden. Zu dem Verdünnungsstufen, auch die Potenz genannt, sei anzumerken, dass niedrige Potenzen öfters gegeben werden können als höhere.

> Niedrige Potenzen (D2–D12) 3–8 x täglich
> Mittlere Potenzen (D12–D30) 2 x täglich
> Höhere Potenzen (D30–D200) 1 x täglich bis
> 1 x wöchentlich
> Hohe Potenzen (ab D200) einmalig oder maximal
> einmal in der Woche

Alt werden ist keine Krankheit und kann somit nicht geheilt werden! Sorgen Sie dafür, dass Ihre Katze gesund bleibt, so dankt sie es Ihnen mit einem langen Leben.

Katzen ab einem Alter von 8 Jahren sollten jährlich mittels Informationstest, welcher biophysikalisch und nicht chemisch zu erklären ist, ausgetestet werden. Es gibt mittlerweile einige Testmethoden und einer davon wäre der PILUS-ESCH®-Test, den ich erfolgreich in meiner Praxis seit 1992 durchführe.

Das ganze Tier mit seinem Zusammenspiel von Körper und Geist wird wahrgenommen. Dieser Test verschafft dem Therapeuten ein Bild über den Gesundheitszustand. Ein Ungleichgewicht im Energiehaushalt dieser Systeme bedeutet Krankheit. Anders gesagt: Das ganze Tier mit seinen Organsystemen besteht zu hundert Prozent aus Zellen. Ist durch ein Ungleichgewicht die Aktivität der zellulären regenerativen Prozesse gestört, bedeutet dies Krankheit.

Um die Selbstheilungskräfte anzuregen, braucht der Körper nun lebensnotwendige Bioinformationen, die durch verschiedenste Naturheilverfahren geliefert werden können.

Dementsprechend wird ein kausaler Therapieplan erstellt und eine ganzheitliche Behandlung durchgeführt.

Wann sollte ein bioinformatives Testverfahren durchgeführt werden?

- Bei einer prophylaktischen (vorbeugenden) Austestung oder wenn Tierpatienten bereits Symptome zeigen, z. B. bei Erkrankungen, die durch Nährstoffmangel bzw. Fehlernährung hervorgerufen werden oder umgekehrt, bei Erkrankungen, die eine Mangelerscheinung zur Folge haben.
- Bei degenerativen Erkrankungen z. B. Arthrose, Spondylose.
- Bei Allergien (Unverträglichkeiten), psychische Störungen, Organbelastungen, Infektionskrankheiten usw.
- Auch bei chronischen Erkrankungen mit nicht eindeutigen Symptomen.
- Und bei bereits vorbehandelten Tierpatienten, bei denen man mit einer klinischen Diagnose und Behandlung keine Verbesserung des Gesundheitszustandes erzielt hat.

Kontaktadresse
Sylvia Esch-Völkel Tierheilpraktikerin
Hoppenmeer 54 33129 Delbrück-Schöning
www.tierheilpraxis-esch.de

Manchmal denkt man es sind die Zähne, die Probleme machen. In diesem Fall war es Kieferkrebs.

Gesundheitsvorsorge im Maul-/Zahnbereich spielt im Alter eine ebenso wichtige Rolle, vor der man sich nicht scheuen sollte, weil es einem selbst fremd vorkommt. Auch im tierärztlichen Bereich gibt es Fachtierärzte, ähnlich wie bei uns Menschen, denn wir lassen ja auch nicht alles von unserem Hausarzt durchführen, sondern suchen nach Überweisung, den jeweiligen Facharzt auf und unser Hausarzt behandelt dann nach Befund weiter. So sollten wir es auch bei unseren Katzen sehen. Es gibt den Haustierarzt, die Tierklinik und den Facharzt für Zahn- und Kiefererkrankungen.

Dr. Markus Eickhoff:
Prävention von Zahnerkrankungen

Zähneputzen gehört nicht unbedingt zu den üblichen Pflegemaßnahmen des Katzenbesitzers. Das könnte zum einen daran liegen, dass die Zähne gut versteckt in der Mundhöhle sitzen, zum anderen daran, dass die Zähne bei dem Versuch der Pflege eventuell wehrhaft eingesetzt werden können. Um die Voraussetzungen für ein erfolgreiches Zähneputzen zu optimieren, sollte bereits im naturgesunden Gebiss der jungen Katze spielerisch mit der Zahnpflege angefangen werden. Denn zu diesem Zeitpunkt ist der Spieltrieb nutzbar und Zähne und Zahnfleisch sollten noch keine entzündlichen oder schmerzhaften Prozesse aufweisen. Zur Attraktivitätssteigerung des Putzens stehen Zahnpasten zur Verfügung, die mit Hühnchen-, Rinder- oder Kräuteraroma versehen wurden. Diese Zahnpasten dür-

fen abgeschluckt werden und können daher zu Beginn des Lernprozesses wie ein Leckerli verwendet werden. Zunächst sollten die Außenflächen der Canini und Backenzähne geputzt werden, indem die Lefzen mittels Zeigefinger zurückgezogen werden. Wünschenswert wären ein Losrütteln der Beläge am Zahnfleischrand und ein Ausstreichen in Richtung Kronenspitze. Die kleinen Schneidezähnchen erreicht man durch Anheben der Lippen, ohne sie über die Spitzen der Canini zu pressen. Um die Innenflächen der Zähne zu erreichen, muss der Kiefer mithilfe eines Fingers zwischen den kleinen Backenzähnen geöffnet werden. Allerdings behindern Zungenbewegungen häufig die Sicht auf den Arbeitsbereich. Durch spezielle Zahnbürsten mit gegenüber angeordneten Bürstenköpfen kann man die Zahnreihe mehr oder weniger »erfühlen«, so dass die Bürste wie auf Schienen Innen- und Außenfläche gleichzeitig reinigt.

Allerdings erlaubt die geringe Zahngröße sowie die Geduld der Katze nicht immer jede ausgefeilte Technik. Jedoch lassen sich auch mit einfacher Wischtechnik gute Resultate erzielen. Ist ein Putzen der Innenflächen nicht möglich, weil ein Aufsperren des Kiefers nicht zugelassen wird, sollten dennoch weiterhin die Außenflächen gereinigt werden, da insbesondere dort die Hauptproblemzonen eines parodontalen Geschehens liegen.

Gradmesser für eine erfolgreiche Zahnpflege sind ein rosa Zahnfleisch und weiße, belagsfreie Zähne. Sollte es beim Putzen zu Blutungen am Zahnfleisch kommen, so ist dieses in den meisten Fällen Folge des Entzündungsgrades des Zahnfleisches und nicht Folge einer falschen Putztechnik. Daher sollte intensiver geputzt werden, um die Blutungsneigung und damit den Entzündungsgrad zurückzudrängen. Intensiver bedeutet insbesondere, die Häufigkeit des Putzens den Bedürfnissen anzupassen: Das tägliche Putzen stellt sicherlich die beste Variante einer kontinuierlichen Pflege dar.

Ergänzend kann die Fütterung auf maximale Zahnreinigung ausgerichtet werden. Hierfür stehen spezielle Zahnpflegeprodukte zur Verfügung, vom Alleinfutter bis hin zu Ergänzungsfuttermitteln im Sinne von Leckerli mit Zahnreinigungseffekt. Die allermeisten Produkte arbeiten über die Verbesserung der mechanischen Reinigung beim Zerbeißen des Futtermittels. Dabei bleibt zu berücksichtigen, dass die Katze im eigentlichen Sinne nicht kaut bzw. aufgrund des in Scharnierform ausgestalteten Kiefergelenks lediglich Öffnen und Schließen kann, jedoch keine oder nur sehr eingeschränkte Seitwärtsbewegungen mög-

lich sind. Die Reinigung durch das Futtermittel erreicht die kauaktiven Flächen, alle weiteren Flächen müssen durch Zähneputzen nachgearbeitet werden. Entscheidend ist demnach die Struktur des Futters, welches zu ausgedehntem »Kauen« animieren soll, damit eine maximale Reinigungswirkung erzielt wird. Zusätze wie Calciumfänger dienen der Vermeidung einer schnellen Mineralisation der Zahnbeläge.

Ziel der Pflege ist es, parodontale Entzündungsmechanismen bereits im Entstehen zu eliminieren. Kann durch das Zähneputzen allein dieses nicht gewährleistet werden, sollte in individuell zu bestimmenden Zeiträumen eine professionelle Zahnreinigung in Narkose durch den Tierarzt erfolgen, damit tägliche Pflege weiterhin möglich bleibt und nicht durch entstehende schmerzhafte Entzündungen behindert wird. Im Umkehrschluss sollte daher Zahnpflege nicht im entzündeten Gebiss begonnen werden. Zunächst sollte für Schmerz- und Entzündungsfreiheit gesorgt werden, indem eine professionelle Zahnreinigung bzw. Parodontalbehandlung durchgeführt wird, bei der ggf. auch nicht mehr erhaltungsfähige Zähne entfernt werden.

Wofür die ganze Mühe mit dem Zähneputzen?

Klappt dieses,
- wird die lokale Entzündung des Zahnfleisches und eine daraus resultierende Parodontitis vermieden
- wird eine sonst notwendig werdende Behandlung in Narkose vermieden
- werden typische Folgeerkrankungen einer oralen Herderkrankung wie Herzklappendefekte, Herzmuskelgewebeschädigungen, Leber- und Nierenschädigungen vermieden

Doppelkopfzahnbürste reinigt Innen- und Außenseite der Zähne gleichzeitig.

Parodontitis

Das mit Abstand häufigste Problem der Katze ist die Erkrankung des Zahnhalteapparates, die Parodontitis. Von all den Elementen des Parodonts (Zahnfleisch, Zahnhaltefasern, Wurzelzement, Alveolarknochen) sehen wir beim Reinschauen in die Mundhöhle lediglich das Zahnfleisch. Ist dies entzündet, spricht man von Gingivitis. Die Gingivitis stellt ein umkehrbares Entzündungsgeschehen dar, wohingegen nach Übergang in eine Parodontitis mit Zerstörung des faserigen Halteapparates und des Alveolarknochens eine vollständig Wiederherstellung des gesunden Urzustandes nicht mehr möglich ist.

Das überschießende Wachstum von Bakterien in der wachsenden Plaque ist Auslöser für die Entstehung einer Parodontitis. Symptome einer parodontalen Problematik sind Mundgeruch, weiche

Zahnbeläge und Zahnstein sowie die Entzündung des Zahnfleisches, welche sich durch Rötung und erhöhte Blutungsneigung zeigt, in fortgeschrittenem Stadium verschlechtert sich die Futteraufnahme. Findet sich eines dieser Zeichen, sollte näher nachgeschaut werden, da von einer Parodontitis 80 % aller Katzen mittleren Alters betroffen sind. Die Wahrscheinlichkeit einer versteckten Erkrankung ist somit groß. Man kann das Ausmaß objektivieren, wenn in Narkose Zahntaschen gemessen und der Alveolarknochen durch Zahnröntgenaufnahmen dargestellt wird.

Als Behandlung lediglich eine Reinigung der verschmutzten Zahnkronen durchzuführen wäre bei Vorliegen einer tieferliegenden parodontalen Problematik reine Kosmetik und würde nicht zur Gesundung des Tieres beitragen.

Sind Wurzelbereiche betroffen, müssen die Wurzeln in die Reinigung miteinbezogen werden. Ist es bereits zu deutlichem Knochenabbau gekommen und sind Zähne irreversibel geschädigt, müssen diese entfernt werden, damit Entzündungsfreiheit geschaffen werden kann. Denn Ziel ist das gesunde und schmerzfreie Tier. Weitet sich ein parodontales Geschehen durch wachsende Beläge (Plaque) weiter aus, kann es sogar zur Entstehung einer generalisierten Mundhöhlenentzündung (Stomatitis) kommen, deren Behandlung deutlich komplexer und schwieriger ist. Fatal ist, dass viele Katzen lange Zeit still leiden und für den Besitzer die Erkrankung dadurch verschleiert wird. Daher erfolgt die Behandlung häufig erst spät. Alleinige Antibiotikagabe ist dann nicht heilsam, sondern lediglich passager erleichternd, da die Ursache eines fortgeschrittenen Geschehens damit nicht mehr behoben werden kann.

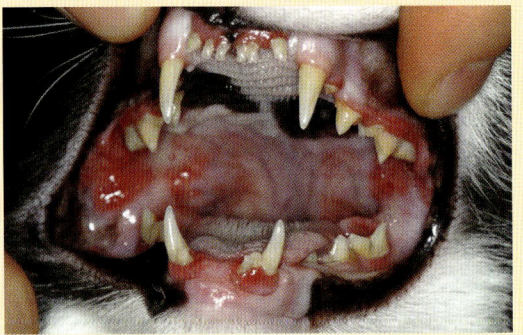

Deutliche Entzündung des Zahnfleisches sowie Ausweitung der Entzündung auf rückwärtige Bereiche. Schneidezähnchen im Unterkiefer sind bereits verlorengegangen, was auf ein fortgeschrittenes parodontales Geschehen schließen lässt.

FORL (Feline odontoklastische resorptive Läsionen)

Ein weiteres großes Feld der Zahnerkrankungen der Katze betrifft Auflösungserscheinungen der Zähne, die unter dem Begriff FORL als Akronym für »Feline odontoklastische resorptive Läsionen« zusammengefasst sind. Zum Teil stehen sie in Zusammenhang mit einer parodontalen Problematik, die eigentliche Ursache dieser Erkrankung bleibt jedoch nach wie vor im Dunkeln. Irgendwo im Zahnhalteapparat beginnen körpereigene Zellen mit der Auflösung von Wurzelanteilen, nachdem der Parodontalspalt infolge Verwachsung von Alveolarknochen und Wurzel (Ankylose) überbrückt wurde.

Die verantwortlichen Zellen bezeichnet man als Odontoklasten, die regelrecht Löcher in die Wurzeln hineinfressen. Bei fortschreitender Zerstörung der Wurzel kommt es zur Beteiligung der Zahnkrone, wodurch diese Erkrankung sich in den sichtbaren Bereich der Mundhöhle verschiebt. Es handelt sich somit wiederum um ein lange Zeit sehr versteckt ablaufendes Geschehen und kann nur über Röntgendiagnostik abgeklärt werden. Anders als die normale Parodontitis sind FORL mit einer deutlichen Schmerzhaftigkeit verbunden. Mittlerweile ist jede zweite Katze mittleren Alters von FORL betroffen. Die Extraktion der Zähne ist aufgrund der Verwachsung mit dem Alveolarknochen schwierig, erfolgt daher in der Regel als offene chirurgische Extraktion und sollte mit Zahnröntgenaufnahmen objektiviert werden. Da die Entstehung nicht geklärt ist, kann die Erkrankung nicht gestoppt werden, durch die Entfernung der betroffenen Zähne dem Tier jedoch geholfen werden.

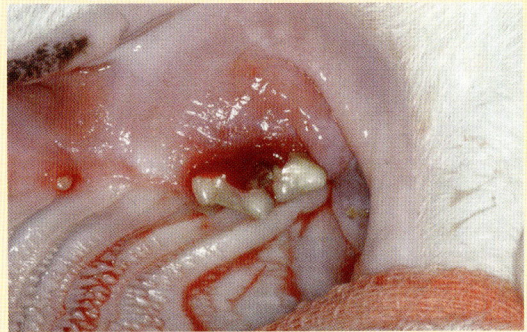

FORL – Oberkieferreißzahn

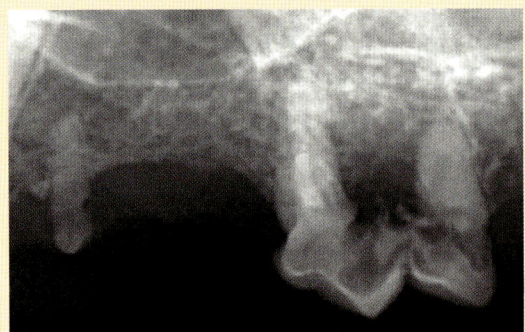

FORL – Oberkieferreißzahn im Röntgenbild
Ausbruch der äußeren Wand des linken Oberkieferreißzahnes infolge FORL. Im Röntgenbild zeigt sich die Zerstörung der Krone und Wurzel sowie Knochenauflösung.

Zahnfrakturen

Bei einer Zahnfraktur handelt es sich um das Abbrechen eines Zahnes. Insbesondere die exponierten Fangzähne der Katze sind meist davon betroffen, wenn z. B. beim Sturz aus großer Höhe mit allen Vieren sowie dem Kiefer gelandet wird. Schmelzdicke der Katze ist relativ dünn, so dass es bereits bei einer kleinen Absplitterung zu einer Freilegung von Dentin kommt. Dentin leitet über ein zentripetal verlaufendes Röhrensystem (Dentintubuli) exogene Reize weiter an die Pulpa (den »Zahnnerv«), was in eine Entzündung münden kann. Ist es bei der Fraktur zu einer Eröffnung der Pulpa gekommen, entsteht immer eine Entzündung der Pulpa und nachfolgend im Bereich der Wurzelspitze. Die eröffnete Pulpa stellt eine Autobahn für Bakterien der Mundhöhle zur Wurzelspitze und darüber hinaus dar. Je nach Abwehrlage kann das Immunsystem der Katze kürzer oder länger dagegenhalten, entscheidet somit lediglich über die Größe der Entzündung, nicht über das Vorliegen als solches

Erkennt man als Besitzer einen Stückverlust eines Zahnes, sollten die Alarmglocken schrillen, zeigt sich eine Blutung aus dem Zahn oder ein Löchlein auf der Frakturfläche, ist die Diagnose eindeutig zu stellen. Akute Symptome für Schmerzhaftigkeit beim Abbrechen selbst können schnell mal übersehen werden, da die Schmerzsymptomatik mit Absterben der Pulpa nach ein paar Tagen zunächst wieder abnimmt. Erst mit Entstehung der Entzündung an der Wurzelspitze (Granulom, Zyste, Abszess) werden wieder Symptome für den Besitzer sichtbar, nämlich wenn es zu einer Schwellung oder Fistelbildung am Kiefer kommt; dann allerdings ist das Geschehen bereits weit fortgeschritten und die Katze hat über lange Zeit die Entzündung und die damit verbundenen Schmerzen erdulden müssen. Bei einem eröffne-

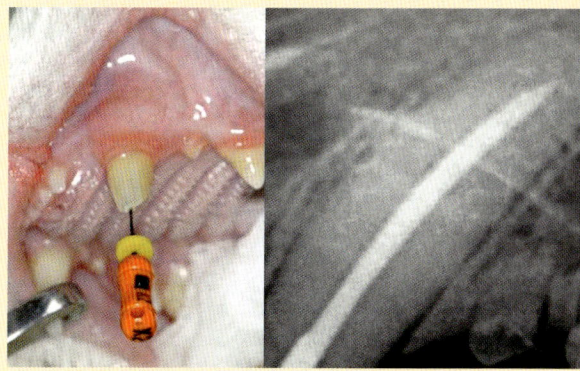

Zahnfraktur Caninus und Wurzelfüllung Caninus Röntgen (links) Abgebrochener Oberkiefercaninus mit Eröffnung der Pulpa, die Wurzelkanalfeile steckt im Wurzelkanal. (rechts) Im Röntgenbild wird nach Behandlung die Wurzelfüllung überprüft.

ten Zahn abzuwarten stellt somit russisches Roulette dar: zu warten, bis der Knall kommt.

Zur Behandlung eines abgebrochenen Zahnes stehen zwei Möglichkeiten zur Verfügung, die Entfernung (Extraktion) des Zahnes oder die Wurzelbehandlung. Bei der Wurzelbehandlung wird die abgestorbene Pulpa aus dem Wurzelkanalsystem entfernt und durch eine dichte Wurzelfüllung ersetzt, die Zahnkrone mittels einer Deckfüllung verschlossen. Die Dichtigkeit der Wurzelfüllung, welche röntgenologisch abgesichert werden sollte, entscheidet über die Ausheilung des Knochendefekts an der Wurzelspitze.

Kontaktadresse

Dr. Markus Eickhoff Tierärztliche Fachpraxis für Zahn-, Mund- und Kieferheilkunde
Iptinger Str. 48   71287 Weissach
www.vet-dent.com

Kapitel 8

Verhaltensveränderungen im Alter der Katze

Dass die Katze im Alter ruhiger wird und ihre Aktivitäten nachlassen, ist wahrscheinlich jedem von uns klar. Wenn wir zurückdenken, was sie uns teilweise in ihren jungen Jahren alles so angetan hat, können wir es trotzdem schlecht akzeptieren, dass aus unserem Rambo, der liebenswerten Abrissbirne und der immer fordernden und auch schikanierenden, unermüdlichen Fellnase auf einmal ein stilles und ruhiges Etwas geworden ist. Und sind wir einmal ehrlich, wie oft haben wir uns gewünscht, dass sie endlich ruhiger wird, wenn mal ganz schnell die Fensterbank, der Tisch oder sonstiges abgeräumt wurde. Wie oft haben wir uns gewünscht, dass unser Kater damit aufhört, immer die anderen Fellnasen zu jagen, wenn er in unermüdlicher Spiellaune war.

Zwei kleine Rambos unter sich.

Und heute? Wie oft wünschen wir uns wenigstens ein bisschen mehr Aktivität zurück. Wie schnell sind wir erfreut, wenn unser früherer Clown mal wieder ein klein wenig zeigt, was noch in ihm steckt.

Unsere Katze wird alt, ja wir haben es verstanden und müssen es akzeptieren. Es war uns von Beginn an klar, von der ersten Minute, wo wir uns für sie entschieden haben, dass ein Katzenleben nicht so lange anhält wie ein Menschenleben. Wir wussten, dass unsere gemeinsame Zeit begrenzt ist. Wir wussten, dass wir sie hegen und pflegen werden. Wir versuchen, ihr jeden Wunsch

zu erfüllen, und trotzdem kommen wir manchmal nicht damit zurecht, dass sie auf einmal lauthals brüllt wie ein Löwe und das mitten in der Nacht, ohne Grund, einfach nur so. Wir müssen zusehen, dass sie sich verkehrt herum in ihr Katzenklo setzt und das Meiste vor dem Klo landet, oder ihr einfach der Weg zur Katzentoilette zu weit wird.

Wir müssen sie zum Fressen animieren, wo wir ihr doch früher das Futter immer einteilen mussten. Auch das ständige Schmusen, was wir früher gerne einmal öfter gehabt hätten, aber da hatte sie kaum Zeit dafür, fordert sie nun vermehrt. Der ewige Schmuser, der immer gefordert hat, kann sich nun zurückziehen und möchte auf einmal nicht mehr auf den Arm, er fühlt sich bedrängt,

Auch den Blick »nach Oben« beobachte ich bei alten Katzen sehr häufig. Manchmal denke ich, sie sehen etwas, was wir nicht sehen und wahrnehmen können.

Alte Katzen werden auch mal launisch, was ihnen aber gut anzusehen ist. Dafür sollten wir Verständnis zeigen.

wenn wir ihn zu lange streicheln, und wendet sich von uns ab. Ja und dann haben wir es begriffen, unsere Katze ist alt und wir hoffen, dass sie trotz all ihrer komischen »Macken« noch viele Jahre bei uns bleibt. Es tut uns manchmal weh, dem Altern zuzusehen, verdrängen wir es doch so gerne, nicht nur bei uns, unseren Familien und Freunden, nein auch bei unseren Haustieren. Wir haben Verantwortung für dieses Lebewesen übernommen und es hat uns das Vertrauen geschenkt. Wir sind es unseren Katzen schuldig, dass wir auch im Alter und in Krankheit für sie da sind, für sie sorgen und ihnen Verständnis entgegenbringen, so lange sie bleiben möchten.

Ihr Altersstarrsinn bringt uns zwar manches Mal an unsere Grenzen und auch ihre Unsauberkeit, wenn sie wieder zu spät bemerkt hat, dass an dieser Stelle nicht ihr Katzenklo steht. In solch einem Fall sollten wir einen Platz suchen, wo wir das Malheur schnell beseitigen können, also Katzenklo auf Fliesen und nicht auf Teppich stellen und eventuell noch eine zweite Toilette aufstellen. Wir sollten nicht mit ihr schimpfen, denn sie tut das in ihrem Alter nicht, um uns zu ärgern, sondern weil sie es einfach nicht mehr anders kann.

Diese Beispiele müssen nicht bei allen alten Katzen vorkommen, es gibt auch Katzen, die im Alter kaum Veränderungen aufzeigen. Wenn mehrere Veränderungen und zudem eventuelle Alterskrankheiten auftreten, dann hat ihre letzte Phase im Leben begonnen. Jetzt ist der Moment gekommen, wo sie uns ganz besonders braucht, vor allem unsere Liebe und auch unsere Selbstverständlichkeit, sich in dieser letzten Phase ihr liebevoll zu widmen.

BARBARA TEICHMANN: *Der Einsatz von Bach-blüten bei Verhaltensveränderungen im Alter*

Seit dem Jahr 2005 beschäftige ich mich intensiv mit dem Verhalten von Katzen und deren Erkrankungen. Als ausgebildete Tierheilpraktikerin, Tierverhaltens-, Bachblüten- und Tier-Mykotherapeutin, hat mich die Katze als Lebewesen so sehr fasziniert, dass ich mich unter anderem auf deren Behandlungen insbesondere in dem Bereich der Verhaltensveränderungen spezialisiert habe. Bewusst nutze ich hier die sanfte Kraft der Bachblüten, wenn es um Verhaltensauffälligkeiten geht wie Unsauberkeit und Markierverhalten, Angst und Nervosität, Aggression, Aufdringlichkeit und Stereotypien, wie das Benagen und Belecken bestimmter Körperteile, und übermäßiger Bewegungsdrang.

Widmen möchte ich mich hier nun verstärkt den Veränderungen im Verhalten, die bei alten Katzen auftreten können.

Die Erkenntnis, dass Alter relativ ist, trifft auch bei unseren Katzen zu. Hier gibt es Zeitgenossen, die noch mit 16 Jahren fit und aktiv sind, andere hingegen können schon mit acht oder neun Jahren zum »alten Eisen« gehören.

Tatsache ist, dass Katzen auf uns über Jahre hin so wirken, als würden sie vom Alter her stehengeblieben sein, um dann ganz plötzlich und unvorbereitet doch alt zu werden.

An vorderster Stelle sei vermerkt, dass Alter keine Erkrankung ist. Jedoch können wir die Folgen, die für das Tier daraus entstehen, mildern und Lebensmut und Energien aufbauen.

Viele der Probleme einer alten Katze haben zumeist schon Jahre vorher langsam begonnen und wurden von uns Menschen nicht bewusst wahrgenommen. Nun im Alter können sich diese Anzeichen dermaßen verstärken, dass das gemeinsame Zusammenleben (Mensch-Katze-Katze-Mensch) auf eine große Zerreißprobe gestellt wird. So kann eine Katze, die zuvor niemals oder zumindest selten unsauber war, plötzlich gar nicht mehr die Katzentoilette benutzen.

Der Funktionsverlust bestimmter Sinnesorgane bleibt dabei auch nicht ohne Auswirkungen auf die Psyche der Tiere. Vermehrte Redseligkeit am Tage, aber auch in der Nacht und eine Veränderung des Schlafrhythmus kann für den Halter zu einer enormen Belastung werden.

Ängstliche Tiere können panisch und aus der Angst heraus aggressiv reagieren, sich vermehrt zurückziehen, unter Betten oder Schränken liegen und sich einfach nicht mehr hervortrauen.

Alle Aktivitäten erscheinen verlangsamt und eingeschränkt. Die Katzen schlafen vermehrt und reagieren kaum noch auf unsere Ansprache.

Tiere, die vorher fröhlich und zugänglich aufgetreten sind, erscheinen uns durch die körperlichen Einschränkungen wehleidig und missmutig. Sie wirken nach außen hin unzufrieden und manchmal auch ein Stück weit schlecht gelaunt und misstrauisch.

Manche unserer Samtpfoten offenbaren eine Neigung zu erhöhten Stimmungsschwankungen. Andere Katzen entwickeln störende Angewohnheiten oder nervende Tics, die das Zusammenleben arg belasten können.

Hinzu kommt, dass durch die Alterung des Organsystems auch die Gehirnfunktionen leiden. Genau wie bei uns Menschen führen Verengungen der Blutgefäße zu Sauerstoffmangel und dementsprechend zu Ablagerungen von Stoffwechselprodukten. Dieses bedeutet unter anderem, das unser geliebter Stubentiger auf dem Weg zur Katzentoilette einfach vergisst, wo diese steht und seine Hinterlassenschaft an allen möglichen Stellen verrichtet.

Abwesenheit, Orientierungslosigkeit und Verwirrung sind weiterhin Anzeichen einer beginnenden Senilität.

Das Kognitive Dysfunktionssyndrom bei Katzen ist vergleichbar mit der Alzheimer Erkrankung beim Menschen. Darunter versteht man Verhaltensveränderungen, die auf Grund von altersabhängigen degenerativen Veränderungen des Gehirns und des zentralen Nervensystems entstanden sind.

Untersuchungen zeigen, dass fast die Hälfte der über 15 Jahre alten Katzen an dem Kognitiven Dysfunktionssyndrom leiden.

Zu den schon oben erwähnten Auswirkungen gesellt sich noch ein veränderter Tagesablauf und/oder Schlaf-Wachrythmus hinzu. Es kann auch vorkommen, dass Familienmitglieder und weitere Hausgenossen nicht mehr erkannt werden und unser Mitbewohner auch mal vergisst, gerade erst gefressen zu haben.

Eine Kognitive Dysfunktion ist nicht heilbar. Man kann aber deren Symptome lindern.

Alle anderen Verhaltensauffälligkeiten, die psychisch bedingt sind, können hingegen sehr gut mit den richtigen Bachblüten positiv beeinflusst werden. Daher sollte jede Katze, die Verhaltenveränderungen zeigt, im Vorfeld gründlich untersucht werden, um physische Ursachen auszuschließen oder falls solche vorliegen, diese anderweitig zu behandeln. Mit den entsprechenden Blütenmischungen kann man sehr wohl der alten Katze helfen, mit den Folgen des Älterwerdens zurechtzukommen.

Dass jede Katze individuell in ihrem eigenen Lebensraum und Umfeld betrachtet werden muss und viele Einflüsse und Verhaltensmuster in die Auswahl der Blüten mit einfließen, sollte im Einzelfall immer eine erfahrene Therapeutin zu Rate gezogen werden.

Wichtig für die Blütenauswahl ist eine möglichst genaue und differenzierte Charakteranalyse des jeweiligen Tieres. Bei einer nicht zutreffenden Auswahl an Blüten tritt für das Tier zwar keine Schädigung ein, aber die Blüten zeigen auch keine Wirkung, sie verpuffen geradezu.

Diese Mischungen basieren auf meinen Erfahrungswerten und dienen lediglich als Anhaltspunkt.

So kann zum Beispiel eine Mischung aus Honeysuckle, Mustard, Scleranthus, Star of Bethlehem, Walnut und Wild Rose bei zu Depressionen neigenden Tieren fehlende Lebensfreude wieder zurückbringen und unter anderem deren Spielfreude aktivieren.

Mustard, Hornbeam, Rock Water und Willow beeinflussen Wehleidigkeit, Verbitterung und Missmut und mit Elm, Hornbeam, Oak, Olive und Walnut aktivieren Sie bei Ihrem Schmusetiger Energie, Aktivität und Kraft.

Neue Impulse und Vitalität erhält Ihre Katze durch die Gabe von Cerato und Clematis in Verbindung mit Olive, Walnut und Wild Rose.

Stereotype Verhaltensweisen können Sie mit der Gabe von Crab Apple, Elm, Gentian, Mustard und Scleranthus regulieren.

Unermüdlicher Devon Rex Jüngling. Wenn die anderen nicht mehr können, macht er alleine weiter.

Eine alt gewordene Katze kann sich sehr wohl ihres Lebens erfreuen und in Harmonie mit ihrem Menschen zusammenleben. Ich durfte schon viele Halter auf diesem Weg begleiten und wir haben immer gemeinschaftlich einen Weg gefunden, bestimmte Verhaltensveränderungen positiv zu korrigieren. Wenn ich Sie dabei unterstützen kann, so scheuen Sie sich nicht, Kontakt mit mir aufzunehmen.

Ein Anliegen zum Schluss: Die Gabe von Bachblüten ersetzt nicht die Pflicht und Verantwortung, die Sie als Halter gegenüber Ihrem Senior haben. Liebevolle Zuwendung, Unterstützung, Geborgenheit und Nestwärme sind für Sie als Halter die Mittel der ersten Wahl. Auch sollten Sie mit viel Feingefühl und Respekt dem Lebewesen gegenüber agieren und Ihren tierischen Begleiter nicht wegen gewisser Alters-

erscheinungen aus Ihrem Leben ausschließen. Schließlich hat Ihre Katze Sie lange Jahre mit begleitet und war Ihnen oft genug Tröster und Zuhörer.

Stellen Sie sich dieser Herausforderung und geben Sie Ihrer Katze die nötigen Hilfestellungen. Sie werden durch eine einmalige, intensive und sehr enge Beziehung belohnt werden, die Sie für viele Misslichkeiten hoch entschädigen wird.

Kontaktadresse
Barbara Teichmann
Tierpsychologin, THP, Tierverhaltens- und Bachblütentherapeutin
Händelstr. 8   90768 Fürth
www.teichmann-katzenpsychologie.de
barbara@teichmann-katzenpsychologie.de

Kapitel 9

Umzug mit alten Katzen

Wechselt man den Wohnort, egal ob mit Freigängerkatzen oder mit reinen Wohnungskatzen sollte man diese Aktion, vor allem für die älteren Katzen, so angenehm wie möglich machen.

Manche Katzen haben Angst, wenn sie in fremder Umgebung sind und drücken dies auch aus – manchmal durch lautes Maunzen, manchmal durch melancholisches Zurückziehen. In beiden Fällen hilft es, wenn wir uns der Katze widmen und ihr Sicherheit vermitteln.

Die Katzen sollten schon in ihren Boxen sein, bevor die Möbelpacker kommen. Die Boxen stellt man am besten in ein Zimmer, in dem es am ruhigsten ist.

Im neuen Haus oder der neuen Wohnung werden die Katzen in einem Raum aus den Boxen gelassen, in dem die Möbel schon aufgestellt wurden. Katzenklo, Kratzbaum, Schlafplätze sowie Näpfe mit Futter und Wasser werden hier aufgestellt. Die Katzen bleiben bis der Umzug vorbei ist erst einmal in diesem Zimmer.

Danach können die Stubentiger ihre neue Umgebung in ihrem Rhythmus und ohne Angst vor den fremden Stimmen und Geräuschen erkunden. Achten sollte man hier besonders auf die alte Katze und an ihrer Seite sein, falls sie sich nicht zurechtfindet und sich fremd fühlt. Normalerweise geht die Eingewöhnung aber recht schnell, da ja die ihr vertrauten Sachen und Möbel mitgenommen wurden und auch Sie selbst mit dabei sind.

Vorsichtig wird die alte Katze ihre neue Umgebung erkunden. Schön, wenn sie ein paar ihrer vertrauten Sachen bei sich hat.

Ein aufregendes Erlebnis für den Freigänger, wenn er nach dem Umzug das erste Mal raus darf.

Kapitel 10

Ein neuer Gefährte für die alte Katze

Hatte man sich für Geschwister oder zwei Katzen im gleichen Alter entschieden, kommt es vor, dass eine Katze früher verstirbt. Waren diese beiden eng miteinander verbunden, wird es für die Katze, die »übrig geblieben« ist, eine schwere Zeit.

Trauerphasen können recht lange gehen und Katzen drücken dies auch sehr deutlich aus. Ali nach dem Verlust seines besten Freundes.

Sie wird trauern, hat vielleicht auch ihren engsten Freund bis in den Tod begleitet und nun ist sie alt und allein. Viele Katzen durchleben in dieser Situation das für sie Unfassbare, sie stellen die Nahrungsaufnahme ein und suchen tagelang nach ihrem Freund. Diese Situation macht auch für uns das Abschiednehmen und das Loslassen nicht einfach, denn wir müssen versuchen, dass unsere zur Einzelkatze gewordene Fellnase wieder schnell auf die Beine kommt. Bachblüten und auch homöopathische Mittel erleichtern der Katze den Abschied, auch dass wir

die Lieblingsplätze des verstorbenen Freundes noch eine Weile an den vertrauten Stellen stehen lassen. Sie braucht jetzt mehr als zuvor unsere Zuwendung und auch spielerische Ablenkung. Falls die Entscheidung gefallen ist, der allein gebliebenen Katze wieder einen Gefährten dazu zu holen, sollten wir sehr behutsam und sehr geduldig vorgehen. Das heißt, wir benötigen für diesen Prozess Zeit, viel Zeit. Die Hauruck-Methode wird meistens scheitern, da die alte Katze sich selten sofort über den neuen Freund freuen wird. Es wird sich auch die Frage stellen, ob die Aufnahme eines Jungtiers einfacher ist als die eines älteren Tiers. In der Regel passt es besser, wenn der Neuankömmling schon etwas älter ist und man dadurch schon sein Temperament und seine Eigenarten kennt. So kann man besser entscheiden, ob das Wesen der neuen Katze gut zu dem der alten Katze passt. Ein Jungtier hat noch seine ganze Entwicklung vor sich, will spielen, ist neugierig und benötigt viel Beschäftigung. Dieses Verhalten kann die alte Katze nerven und dem Kitten schnell Langeweile vermitteln. In diesem Fall wären beide Katzen unglücklich. Ist die alte Katze aber noch aktiv, spielt gerne und nimmt an allem teil, steht der Entscheidung für eine jüngere Katze nichts im Wege.

Wie führen wir nun stressfrei die neue Katze ein? Unsere alte Katze hatte zwölf Jahre oder länger nur mit einer ihr vertrauten Katze zusammengelebt und nun soll sie sich sofort über einen neuen Hausgenossen freuen? Nein, das tut sie meistens nicht, deshalb die Empfehlung, den Neuankömmling, ob jung oder schon älter, erst einmal separat zu halten. Beim Einzug sollte der Neuankömmling durch die Wohnung oder das Haus getragen werden, da Katzen sehr schnell die

Gemeinsame Aktivitäten bringen Jung und Alt näher zusammen, wie hier das Leckerchensuchen in einem Berg Pack-
papier. Das knistert schön und man kommt sich näher.

Umgebung aufnehmen. Dann sollte der Katze aus der Distanz die neue Katze gezeigt werden. Der Neuzugang kommt in einen separaten Raum, wo er Futter, Wasser, Katzenklo und Kratzmöbel vorfindet. So kommt der Neuankömmling erst einmal zur Ruhe und die alte Katze hat verstanden, dass eine neue Katze eingezogen ist. Auch hier setze ich gerne Bachblüten ein, damit der Stress nicht überwiegt und gemildert wird. Zeigt unsere Katze nun das Interesse an der neuen Katze, wird die Türe einen Spalt geöffnet, so dass die beiden sich sehen und auch riechen können, aber nur für einen kurzen Moment und gerne mehrmals am Tag, wenn das Interesse da ist. Faucht einer der beiden, schließen Sie die Türe wieder und gehen nicht weiter darauf ein, denn es ist völlig normal. Am nächsten Tag wird dann das Zimmer gewechselt, wieder mit Kratzmöbel, Futter und Wasser und natürlich auch einem Katzenbettchen. So lernt die neue Katze völlig stress-

Sind beide Katzen gut sozialisiert, kann sich sehr schnell eine tiefe Freundschaft einstellen.

nen, so dass sich beide sehen können. Falls Sie das Glück haben und die Katzen sich schon am ersten oder zweiten Tag beschnuppern wollen, lassen Sie dies zu, aber immer die Türe in der Hand halten, denn wenn es eskalieren sollte, werden die zwei niemals wieder Freunde, sie werden sich höchstens dulden und das war ja nicht unser Plan und auch nicht unser Ziel.

Wichtig ist auch, dass man einen Austausch der Katzentoilette vornimmt. Nicht die Klos tauschen, sondern von Katzentoilette A etwas rausnehmen und in Katzentoilette B legen und andersherum. Hier bringen wir die Vertrautheit der neuen Gerüche zusammen. Am nächsten Tag wechseln Sie wieder den Raum, somit hat die neue Katze auch gleich wieder alle Gerüche der

Der neue kleine Freund wird rasch angenommen, wenn man bei der Zusammenführung vorsichtig und geduldig vorgeht.

frei ihre neue Umgebung kennen und die alte wird neugierig in den Raum gehen, in dem die neue Katze ihre ersten vierundzwanzig Stunden verbracht hat. Sie wird sich sehr lange damit beschäftigen, alles abschnuppern, zwischendurch vielleicht auch einmal ins Leere fauchen.

Da sie nun nur die Gerüche hat, aber nicht die Katze dazu, zeigen Sie ihr, dass die Neue jetzt in diesem anderen Zimmer ist. Wieder wie am ersten Tag vorgehen, nur einen Spalt die Türe öffnen, so dass sich beide sehen können.

Hoffentlich werde ich akzeptiert und geliebt.

Zusammentreffen. Wichtig ist, dass Sie die Rituale und Gewohnheiten Ihrer alten Katzen bestehen lassen und diesen immer den Vorrang geben.

Meine persönliche Erfahrung ist, dass es mit dieser Methode immer sehr schnell geklappt hat und dass alle neuen Katzen mit den alten Freundschaft geschlossen haben und auch Freunde geblieben sind. Allerdings habe ich auch schon gehört, dass sich der Prozess des Zusammenführens gerade bei alten Katzen länger hinziehen kann, ja sogar über Wochen und auch Monate. Mir ist es wichtig, dass Ihnen das bewusst ist, nicht dass die neue Katze nach ein paar Tagen der Ankunft wieder ausziehen oder womöglich wieder ins Tierheim zurück muss. Hatten Sie sich für eine jüngere Katze entschieden, ist es ratsam, vielleicht ein Jahr später eine weitere junge Katze hinzuzuneh-

Es hat geklappt – eine neue Katzenliebe ist erwacht.

vorhandenen Katze. Wenn es zu keinerlei Fauchen, Knurren oder Katzen-Singsang kommt, dann lassen wir die Türe auf, sind in sicherem Abstand dabei und beobachten aus der Distanz, wie die zwei Katzen sich verhalten. Geht alles gut, regt sich keine der beiden auf, dann haben Sie es geschafft, denn dann ist die Neue angekommen und wurde von der Alten akzeptiert. Sind noch Knurren oder andere Abwehrverhaltensformen zu sehen, dann setzen Sie die neue Katze wieder in ein Zimmer und wiederholen täglich, wenn möglich mehrmals, dieses men, damit die jungen Katzen ihren Spaß und ihre Bewegung haben, denn jedes Jahr, in dem die alte Katze älter wird, heißt es für den Jüngling weniger Aktivitäten und weniger Spiel und Spaß. Die alte Katze kann dann dem Spiel der Jungen folgen, ist nicht alleine und wird nicht ständig von der jungen Katze überfordert. Gleich zwei Jungtiere auf einmal zu unserer übrig gebliebenen alten Katze dazuzusetzen, halte ich für keine gute Idee, da die zwei Jungen zusammen »die Bude auf den Kopf stellen« und in ihrem jugendlichen Eifer auch vor der alten Katze nicht Halt machen. Dazu kommt,

dass Sie wegen der zwei neuen Kätzchen kaum noch dazukommen, Ihrer alten und auch trauernden Katze gerecht zu werden. Ich bevorzuge hier das Dazusetzen in Etappen, also das zweite Kätzchen vielleicht ein Jahr später. Damit bin ich immer gut gefahren. Ist die alte Katze, die nun alleine ist, sehr alt und vielleicht auch schon krank und zeigt keine Aktivitäten mehr, dann sollte man sich die Entscheidung, eine Zweitkatze dazuzuholen, sehr gut überlegen, denn wahrscheinlich tun nur Sie sich diesen Gefallen, aber nicht ihrer alten und kranken Katze.

Ist der neue Freund krank, kümmert sich die alte Katze oftmals liebevoll um ihn. Dieses Verhalten habe ich häufig beobachtet. Es ist immer wieder schön, diese Momente zu erleben.

Kapitel 11

Alte Katzen im Tierheim

Leider überlegen sich Menschen oftmals nicht, dass eine Katze nicht immer klein und goldig bleibt, sondern auch bis zu 20 Jahre und älter werden kann und die Pflege im Alter mehr Zeit in Anspruch nimmt als in jungen Jahren.

Gegen diese Art von Allergie gibt es auch keine Hilfe, denn diese Art von Menschen möchten auch keine Hilfe, sie wollen lediglich von dieser Last befreit werden, denn wie viel schöner ist es doch, sich wieder ein junges Kätzchen anzuschaffen, als sich mit etwas Altem und Kranken abzugeben. Hier gibt es keine Unterschiede, ob es sich um eine Hauskatze oder eine Rassekatze handelt, denn der bezahlte Kaufpreis bei der Rassekatze liegt ja mindestens schon zehn Jahre zurück. Das Geld wird lieber für Dinge ausgegeben, die Spaß machen. Mir hat ein Katzenbesitzer von alten Katzen mal gesagt, als er sie nicht mehr wollte: »Ich gehe doch nicht für die Katzen arbeiten.« Man ist in solchen Momenten einfach nur sprachlos, ja fast schon gelähmt, wurden doch immer wieder mit

Auch dass Krankheiten sich häufen können, deren Behandlung sehr kostenintensiv sein kann, wenn man keine Tierkrankenversicherung abgeschlossen hat. Dies kann dann einige Löcher in die Geldbörse fressen. Aber ist dies der Grund ein Tier, das seinem Mensch vertraut hat, einfach abzuschieben? Es ist nicht im Ansatz nachvollziehbar, wie manche Menschen mit Lebewesen umgehen und was sie sich alles an Gründe einfallen lassen, um eine alternde und kranke Katze im Tierheim abzugeben. Die Katzenhaar-Allergie steht natürlich an erster Stelle, sie tritt sehr häufig bei Menschen auf, deren Katze in die Jahre gekommen ist und tierärztliche und medikamentöse Hilfe benötigt.

Stolz die Fotos der schönsten Katzen gezeigt, aber nur so lange sie jung und gesund waren. Diese Menschen haben sich vielleicht einmal für eine Katze entschieden, um nicht mehr allein zu sein oder weil kleine Kätzchen so goldig sind. Auch der Stolz, Besitzer einer teuren Rassekatze zu sein

gebaut worden oder hatte der Besitzer immer schon unterschwellig Angst vor seiner eigenen Katze, kann dies echte Probleme verursachen und die Medikamente können nicht gegeben werden. Die Katze spürt sofort, wenn ihr Mensch ängstlich oder unsicher ist. Ein Tierarzt und seine Assistentinnen können dabei helfen, dies zu üben und Sicherheit zu verschaffen. Hat man sich in jungen Jahren der Katze für eine Krankenversicherung entschieden, wird diese auch die Kosten dafür übernehmen, da die Eingabe von Medikamenten

und mit ihr vor Freunden, Nachbarn und Kollegen angeben zu können, mag bei einigen dazu geführt haben, sich ohne gründliche Überlegung ein edles Tier angeschafft zu haben. Diese Menschen würden sicher keinen Ratgeber über Katzen kaufen, in dem man sich alle Informationen und Tipps anlesen kann – und zwar bevor man sich für dieses Haustier entschieden hat. Auch kommt es bei vielen Katzenbesitzern zur Überforderung, der Katze Medikamente einzugeben, da es nicht wie bei Hunden mal so einfach geht, die Tablette in etwas Leberwurst oder Tartar zu verstecken. Nein, der Katze muss man die Tablette schon eingeben können. Ist nie das Vertrauen auf-

zur Heilung der Krankheit notwendig ist. Es gibt mehrere Versicherungsanbieter und es lohnt sich auch hier, wie bei uns Menschen, zu vergleichen, welche Leistungen wir für welchen Versicherungsbeitrag bekommen. Hat man sich mit Vorinformationen eine oder mehrere Katzen angeschafft, wird man auch keine Probleme bei medizinischen Nachbehandlungen wie Verbandwechsel oder Tabletteneingabe haben. Man kann, wenn man sich für eine junge Katze entschieden hat, recht früh und spielerisch mit ihr üben, indem man ihr mal die Zähne putzt, die Augen und die Ohren säubert, ihr mal ein Mützchen oder einen Schal für ein paar

Sekunden anzieht und natürlich immer danach die Belohnung gibt und sie lobt. So gewinnt man ihr Vertrauen und die Katze merkt, dass nichts Schlimmes passiert ist.

Ein weiterer Grund, der immer wieder genannt wird, um eine alte Katze loszuwerden, ist ein angeblicher Umzug oder dass sich menschlicher Nachwuchs angemeldet hat. Da hat dann die alte Katze auch keinerlei Berechtigung mehr. Menschen wählen eine Wohnung, in die sie ihre Katze, die sie seit über zehn Jahren halten, nicht mitneh-

men können. Nein, das will ich einfach nicht glauben. Ist das Tier dann im Tierheim angekommen oder hatte das Glück, privat vermittelt zu werden, stellt sich sehr schnell heraus, dass es krank ist. Ein immer öfter vorkommender Grund ist, dass alte Menschen ins Alten- beziehungsweise Pflegeheim umziehen müssen und ihre alte Katze nicht mitnehmen dürfen. Das ist richtig schlimm und auch sehr traurig für beide, denn da leidet Mensch und auch Katze. Wir sollten ab einem gewissen Alter kein junges Kätzchen mehr aufnehmen, sondern uns für ältere Katzen entscheiden.

Denn wenn wir im Alter von über sechzig Jahren noch ein Jungtier aufnehmen, kann es sehr gut möglich sein, dass unsere Katze im hohen Alter ihren Lebensabend im Tierheim verbringen muss und das wollen wir ihr doch nicht antun. Über meinen Kontakt zu Barbara Teichmann wurde ich auf ein Katzenhospiz aufmerksam. Ich bin von der Idee sehr begeistert, alten und kranken Katzen diese Geborgenheit und auch die Sicherheit zu geben, die sie in ihrem Zustand benötigen. Dieses Katzenhospiz arbeitet mit einer Tierschutzorganisation zusammen und nimmt die Katzen auf, die alt und krank ins Tierheim abgeschoben wurden und keinerlei Chancen auf eine gute Vermittlung mehr haben. Die alten und kranken Katzen bekommen mehr Pflege und mehr Zuwendung als es im normalen Ablauf eines Tierheims möglich ist. Diese Katzen werden dann auch nicht mehr in die Weitervermittlung gegeben, sondern dürfen dort behutsam und in Würde über die Regenbogenbrücke gehen. Ausführliche Informationen zum Katzenhospiz gibt Katzenpsychologin Barbara Teichmann, die das Katzenhospiz auch betreut.

Kapitel 12

Das Katzenhospiz von Claudia Rieß und die Betreuung durch Barbara Teichmann

Vor einigen Jahren suchte ich den Kontakt zum Tierschutzverein Noris e.V., um meine Hilfe anzubieten. Angedacht war von meiner Seite, unterstützend im Katzenbereich tätig zu sein und bei der Vermittlung und späteren Betreuung der Katzen und deren Halter Hilfestellung zu leisten.

Barbara Teichmann ist nicht nur Katzenpsychologin, sondern hilft auch Hunde- und Pferdebesitzern weiter. Außerdem berät sie bei Fragen zu artgerechter Ernährung.

Unter anderem gedachte ich, den Katzen durch die Gabe von Bachblüten den »Neueinstieg« zu erleichtern. Am Telefon sprach ich damals mit Claudia Rieß, die ehrenamtlich für den Tierschutz Noris e.V. arbeitete. Sie erzählte mir von ihrem Katzenhospiz und ihren Sorgen und Nöten, die sich rund um die Betreuung der Katzenseelen ergaben.

»Katzenhospiz, was muss ich darunter verstehen?«, fragte ich damals interessiert.
Frau Rieß erläuterte mir, dass sie es sich zur Aufgabe gemacht habe, besonders ältere, nicht mehr vermittelbare, behinderte, aber auch kranke Katzen aufzunehmen, um diesen eine reelle zweite Chance zu geben.
Viele von ihnen sind im Alter und/oder durch Krankheit ihren ehemaligen Haltern zu unbequem geworden und wären Gefahr gelaufen, ausgesetzt oder auch eingeschläfert zu werden. Sie wollte bewirken, dass diese Tiere ihre vermeintlich letzten Tage in einem respektvollen und geschützten Umfeld verbringen können.
»Ihre« Katzen hätten überwiegend chronische Erkrankungen, Herz-, Nieren-, Leber- und Bauchspeicheldrüsenerkrankungen, oftmals auch Tumore und litten häufig unter Inkontinenz. Allesamt wären sie Pflegefälle. Daher wäre hier besondere Zuwendung und Pflege erforderlich und die tiermedizinische Versorgung würde dabei natürlich mit im Vordergrund stehen.
Die Tiere hätten ihr gezeigt, dass sie alle noch eine sehr große Lebensfreude haben und mit ihren Behinderungen ganz anders umzugehen verstehen, wie es bei uns Menschen der Fall wäre. Die Schmuseeinheiten und das Schnurren ihrer Samtpfoten würde sie für viele Unannehmlichkeiten voll entschädigen.

Friedrich

Paula

Katzimir

Friedrich

Alles in allem würde sie sich sehr wohl über Unterstützung durch meine Person freuen und Hilfe gerne in Anspruch nehmen.

Neugierig geworden vereinbarte ich damals einen Termin und besuchte Frau Rieß, um mir vor Ort ein Bild zu machen. Dieses Bild hat sich derart stark in mir verankert, dass ich heute 2013 auf eine sechsjährige Betreuungszeit zurückblicken kann. Claudia ist längst zu einer guten Freundin geworden und ich bewundere ihr Engagement und ihre Kraft, diese Aufgabe zu bewältigen. Da sie die Katzen in ihrer eigenen Wohnung aufnimmt, ist die Aufnahmekapazität in der Regel auf zehn Tiere beschränkt.

All ihre »Sorgenkinder« dürfen sich einer persönlichen Ansprache erfreuen und jede Katze wird individuell betreut, gefüttert, gepflegt und umsorgt. Dazu gehört auch, dass regelmäßig Medizin und Injektionen verabreicht werden müssen.

Da viele der Katzen auf Grund ihrer Erkrankungen auf spezielles Tierfutter angewiesen sind und tiermedizinische Behandlungen wie Ultraschall, Röntgen, Operationen und Medikamente ein großes Loch in ihren eigenen Geldbeutel reißen, ist Claudia

auf Geld- oder Sachspenden angewiesen. Hierzu werde ich später noch einmal zurückkommen.

Jeder Neuankömmling wird komplett durchgecheckt und zu Anfang psychologisch betreut. Hier komme nun ich wieder ins Spiel.

Die meisten Menschen können sich schwerlich vorstellen, wie tief und einschneidend sich eine Trennung vom ehemaligen Halter bei den Tieren verankern kann. Viele von ihnen stehen geradezu unter Schock, verweigern die Nahrung oder verfallen in Depressionen. Es ist so als hätte man ihnen die Pfoten unter ihrem Körper weggerissen. Das Immunsystem wird durch diesen Stress enorm belastet, so dass es auch hier hin und wieder zu Verschlechterungen des allgemeinen Zustandes kommen kann.

Der Einsatz von Bachblüten bringt dabei große Erleichterung. Die Tiere werden wieder harmonisiert, das Gefühlschaos bereinigt, der Trennungsschmerz gemildert und dadurch der Neuanfang in die richtige Bahn gelenkt. Nun hat die letzte Station in ihrem Leben begonnen.

Um den ersten Schock zu lindern, empfiehlt sich die Gabe von Rescue Remedy, das ist eine Mischung aus den Blüten Cherry Plum, Clema-

Im Katzenhospiz wird man auch alt und krank geliebt.

Claudia Rieß kümmert sich liebevoll um alte und kranke Katzen.

tis, Impatiens, Rock Rose und Star of Bethlehem. Alle weiteren Mischungen werden von mir individuell auf das Tier zugeschnitten zusammengestellt.

Bei aller Fürsorge und Liebe stehen am Ende jedoch immer der Tod und der damit verbundene Verlust eines der Tiere.
Es liegt an uns auch hier zu Gunsten unserer Schützlinge eine Entscheidung zu treffen, um zu verhindern, dass Schmerz und Leid die letzten Lebenstage belegen.
Eigentlich zeigen uns unsere Kameraden sehr wohl, ob Lebensfreude oder Lebenswille noch vorhanden sind. Meist sind wir Halter es, die die Tiere in der eigenen Entscheidung blockieren und am Weggehen hindern. Wir Menschen neigen dazu zu klammern und nicht loslassen zu wollen.

Claudia hat in den langen Jahren seit Gründung ihres Hospizes (2004) viele kleine Seelen in den Tod begleitet. Einige verstarben im Schlaf, andere wiederum wurden durch Tierärzte erlöst. Claudia war immer bis zum Ende dabei.
Oft waren auch hier spezielle Blütenmischungen hilfreich um zu erkennen, wie viel Lebensenergie in einem Tier noch vorhanden ist. Doch egal wie der letzte Weg auch ausgesehen hat, brachte das Ergebnis schlussendlich Tränen und Trauer, aber auch die Gewissheit, dem Tier die letzte Station seines Weges würdevoll gestaltet zu haben.

Weitere Informationen zum Katzenhospiz von Claudia Rieß gibt es auf ihrer Internetseite . Wer für diese wunderbare Einrichtung spenden und sich informieren möchte, erfährt Näheres dazu auf
www.katzenhospiz.info

Kapitel 13

ERFAHRUNGSBERICHTE

Es gibt Katzen, die beim Altern kaum Veränderungen zeigen, außer dass sie nicht mehr so aktiv sind. Es gibt aber auch ganz andere Katzen, von denen ich hier berichten möchte.

Fritz,

so nannte ich ihn, denn auf einmal war er da, schrie vor unserem Haus, markierte nach seiner Katerart die frisch aufgehängte Wäsche im Garten. Dass er nicht mehr der Jüngste war, konnte man ihm ansehen. Das Leben draußen hatte ihn gezeichnet. Ich holte mir vom hiesigen Tierheim einen Fangkäfig und versuchte mein Glück, den Burschen einzufangen und es gelang mir. Es stand fest, er gehörte niemandem und schlug sich wohl schon jahrelang alleine durch. Nun witterte er seine Chance, bei Leuten unterzukommen und den nächsten Winter im Warmen zu verbringen.

Fritz war unkastriert, dies wurde dann rasch erledigt. Sein Alter wurde geschätzt auf acht bis zwölf Jahre. Die Tierärztin konnte sich nicht festlegen, da das Alter wohl bei Streunern nicht genau angegeben werden kann. Fritz hatte Probleme mit den Bronchien und der Lunge. Nach Abschluss der Behandlung ließ ich ihn wieder frei, er wollte nur nicht mehr gehen ... Er war mehr als penetrant, klemmte sich einem ans Bein, trommelte an der Terrassentür, er hatte offensichtlich genug vom harten Leben.

Fast zeitgleich kamen noch weitere wilde Streuner dazu, denen er aber gleich erklärte, dass er hier der erste war und der Chef ist. Fritz habe ich dann aufgrund seiner extremen Dominanz an ein nettes Pärchen als Einzelkatze vermittelt. Sie wollten einen Freigänger, nur Fritz wollte kein Freigänger mehr sein. Er genoss sein Leben als alter Pascha und hatte noch einige schöne Jahre.

Fritz liebte es, beachtet zu werden. Er blieb immer ganz nah am Haus.

Als ich ihn nach ein paar Wochen besuchte, kam er voller Stolz, top gepflegt an die Wohnungstür und begrüßte mich, wie er es immer tat. Er war mir also nicht böse, dass er umziehen musste, denn es ging ihm ja sehr gut. Er ging mir voraus, von einem Raum in den anderen, sprang auf das Sofa, maunzte mich dabei an, als wenn er mir sagen wollte: »Schau mal, das ist jetzt alles meins und mir gefällt es hier.« Er war ein wirklich toller Kater und trotz seines Alters noch sehr clever. Er lernte schnell, die angenehmen Seiten des Lebens zu schätzen. Als er starb, hinterließ er eine große Lücke. Auch Fritz wird immer unvergessen bleiben.

Rosi fühlte sich im Warmen wohl und war dankbar, auf ihre alten Tage noch ein Zuhause gefunden zu haben.

Eine der wilden zugelaufenen Streuner war Rosi. Ich fing sie ein wie Fritz und ließ sie kastrieren. Rosi brachte trotz ihres hohen Alters zwei Jungtiere mit. Keine Frage, es waren ihre Kitten. Wir rätselten über ihr Alter. Die zwei kleinen Kater waren wild wie kleine Raubkatzen, man hatte keine Chance, in ihre Nähe zu kommen. Sie fauchten so sehr, dass sie dabei spuckten, und die Mutter machte dabei fleißig mit. Sie wurden zusammen mit Rosi eingefangen und ins Tierheim gebracht. Die Kleinen wurden medizinisch versorgt, sozialisiert und hatten das Glück, als Geschwisterpärchen vermittelt zu werden. Rosi nahm ich kastriert wieder mit und setzte sie dorthin, wo sie mir zugelaufen war. Dass Rosi sehr krank war, wusste ich zu diesem Zeitpunkt noch nicht. Ihr geschätztes Alter lag zwischen zehn und zwölf Jahren. Es gibt wohl diese Ausnahmen, dass Katzen in diesem Alter noch rollig werden und sich auch decken lassen. Rosi war sehr scheu und hielt sich nur noch an unserem Haus auf. Da sie sich noch nicht anfassen ließ, richteten wir ihr in unserem Windfang ein warmes Plätzchen ein, was sie dankend annahm. Als ich merkte, dass einiges mit ihr nicht stimmte, entschied ich mich dazu, sie in stationäre Behandlung bei einer Tierärztin zu geben. Ich besuchte sie täglich und versuchte ihr Vertrauen zu geben. Sie hatte massive Probleme mit den Zähnen, die wenigen, die sie noch hatte, wurden operativ entfernt. Außerdem hatte sie zwei Geschosse aus einem Luftgewehr entlang der Wirbelsäule sitzen, die nicht zu entfernen waren, da das Risiko einer Nervenverletzung zu groß war.

Nach dieser stationären Zeit, ließ ich sie wieder frei. Nun war sie die Chefin der Streuner um unser Zuhause. Sie war von diesem Zeitpunkt an viel zutraulicher, kam ganz nah her, schnupperte und schnurrte, aber anfassen lassen mochte sie sich immer noch nicht gerne. Ich ließ ihr die Zeit, die sie brauchte, es wurde von Woche zu Woche besser.

Für uns stand ein Umzug in ein anderes Haus an. Wir entschlossen uns dazu, Rosi mitzunehmen, denn wir hatten Sorge, dass sie vielleicht nicht mehr in ihrem hohen Alter versorgt oder sogar vertrieben würde. Wir richteten ihr ein schönes Zimmer ein, um sie langsam an das Leben im Haus und an unsere übrigen Katzen zu gewöhnen, was sich als problemlos erwies. Sie genoss es von der ersten Sekunde an. Sie hatte keine Angst und lebte von Tag zu Tag mehr auf. Rosi war für mich die wahre alternde Diva, eine Streunerin, die es sofort akzeptiert hatte, dass sie nun im Haus und nicht mehr vor dem Haus lebte. Sie forderte alles ein, was ihr gut tat, und war sehr einfallsreich. Ihr Zimmer, das eigentlich nur für die Zeit der Gewöhnung ihres sein sollte, verteidigte sie bis zum Schluss. Es tat weh, sie irgendwann dann doch über die Regenbogenbrücke gehen zu lassen, denn sie war die ganz besondere »Alte«. Sie steigerte ihr Vertrauen von null auf dreihundert Prozent. Sie fuhr auf dem Beifahrersitz Auto, sie benahm sich beim Tierarzt vorbildlich und war auch zu unseren anderen Katzen immer liebenswert, so lange diese nicht auf ihren Korbsessel wollten. Rosi hat mich viel über Katzen gelehrt, sie hat mir Geduld beigebracht, an der es doch immer wieder mangelt. Sie lehrte mich, dass kein Lebewesen auf dieser Welt hässlich ist, auch wenn es alt und krank ist. Und sie lehrte mich, dass alte Lebewesen immer einen besonderen Stellenwert haben und ihr Anderssein liebenswert ist – nein, sogar sehr liebenswert. Rosi, eine schwarz-rote zahnlose alte Katze mit kurzen Beinen, sie war eine wahre Meisterin des Lebens, alt und weise. Ich hatte das große Glück, dass sie mich aussuchte.

Jascha, ein sehr liebenswerter Kater

Jascha

Aus zweiter Hand kam Jascha im Alter von sechs Jahren mit seiner Schwester Suzi, fünf Jahre alt, zu mir. Dieser Kater blühte mit zunehmenden Jahren immer mehr auf. Vertrug sich auch gleich mit den drei anderen Katzen, die schon vorhanden waren, und schloss mit meinem Kater Ali, der in seinem Alter war, eine innige Kater-Freundschaft. Jascha war nicht gesund, er hatte FORL, eine Erkrankung des Zahnapparates, was ich zum Zeitpunkt seines Einzugs aber noch nicht wusste. Mir war zwar sofort aufgefallen, dass er fürchterlich aus dem Maul roch und sabberte.

Anfangs bekam er alle drei Monate eine Depotspritze mit Cortison, da der Tierarzt meinte, es wäre eine chronische Zahnfleischentzündung. Es bildeten sich Zahnfleischwucherungen, dabei wurde auch das eine Auge immer wieder in Mitleidenschaft gezogen.

Ich entschloss mich, nachdem die Wirkung dieser Injektionen nachgelassen hatte und dieselben Probleme immer wieder auftauchten, mit ihm in

Zwei, die sich auf Anhieb liebten – Jascha und Ali.

meine mir vertraute Tierklinik zu fahren. Ich war froh, dass mir dort ein Fachtierarzt für Kiefer- und Zahnheilkunde empfohlen wurde. Jascha wie auch Ali wurden eingehend untersucht und die Zähne einzeln unter Vollnarkose geröntgt. Beide Kater hatten FORL und beide Kater wurden im Anschluss an das Röntgen operiert. Sie mussten nach der Operation für zwei Wochen einen Kragen tragen. Ali machte es nichts aus, aber Jascha spielte den sterbenden Schwan. Er rührte sich nicht einen Millimeter und ich dachte, er würde das Ganze nicht überleben. Ich rief spät abends bei Dr. Eickhoff an und erzählte ihm das. Zum Glück erkannte er das Problem, lachte und sagte: »Jascha hat eine Kragenneurose.« Also nahm ich ihm den Kragen ab und schwups lief er munter umher, suchte sein Klo auf und fraß auch gut. In den darauffolgenden Wochen habe ich ihm dann immer wieder den Kragen auf- und abgesetzt, damit alles gut verheilen und er sich trotzdem wohlfühlen konnte. Nach dieser Operation blühte er auf, er war der kleine immer fröhliche Clown, der jetzt auch mit seinem Kumpel schmerzfrei und unermüdlich toben konnte. Er

wirkte viel jünger als zu dem Zeitpunkt seines Einzugs, obwohl er ja schon fast zehn Jahre alt war. Jascha blieb aktiv bis kurz vor seinem Tod, er starb an Niereninsuffizienz im Alter von zwölf Jahren. Die kurze Zeit seiner Nierenerkrankung war nicht nur für uns schlimm, sondern sein Freund Ali litt so sehr darunter, dass er nach seinem Tod krank wurde und tierärztliche Hilfe benötigte. Er saß Tag und Nacht bei seinem Freund, putze ihn, rief mich, wenn sein Bettchen nass war, damit ich dies sofort wieder trocken und neu machen konnte. Das war die engste und intensivste Katzenfreundschaft, die ich bisher erlebt habe. Diese Zeit ging mehr als mitten ins Herz. Diese Geschichten zeigen, wie sehr kranke Katzen unsere Betreuung brauchen. Dass wir Zeit brauchen, ja vielleicht in solch einer Situation unseren Urlaub opfern müssen. Menschen, die nicht verzichten können, sollten sich keine Tiere anschaffen.

Jaschas ernster Katerblick. Viele dachten, er wäre gefährlich, dabei war er doch der immer Fröhliche in der Runde.

Suzi, meine kleine Prinzessin.

Die Mädels

Dann gab es noch drei alternde und alte Kätzinnen. Suzi kam im Alter von fünf Jahren mit ihrem Bruder Jascha zu uns und war eigentlich die geborene Einzelkatze. Sie hatte mit den anderen Katzen nicht viel im Sinn, war von Anfang an eher unauffällig und Menschen gegenüber sehr misstrauisch. Glücklicherweise hatte sie zu mir schnell Vertrauen gefasst, so dass ich sie auch auf den Arm nehmen durfte. Sie suchte in regelmäßigen Abständen die Nähe zu mir. Mit der Zeit mochte sie auch einige Familienangehörige und Freunde. Das war wichtig, denn Suzi musste aufgrund ihres sehr dichten Fells regelmäßig gebürstet werden. Es ist immer wichtig, dass ein Catsitter auch von den Katzen gemocht wird, damit die Pflege, die jede Katze benötigt, weiter ausgeführt werden kann, wenn man selbst ein-

mal abwesend ist. Suzi war die Prinzessin, sie hatte ihre eigenen Schlafplätze, auf die sich niemals eine andere Katze begeben hat. Katzen wechseln hin und wieder einmal die Ruheplätze, aber auf Suzis Kissen oder in ihr Körbchen ging nie ein anderes Tier. Sie stellte dann mit der Zeit immer größere Anforderungen und wollte die Treppe hochgetragen werden oder stand vor dem Futternapf und maunzte mich so lange an, bis ich sie beim Fressen streichelte. Die anderen beiden Katzen, eine Maine Coon und eine Russisch Blau, waren schon älter. Beide waren im Alter unauffällig, nie krank und verstarben nach kurzer Krankheit im Alter von 14 1/2 Jahren.

Alle Katzen lieben es bequem. Yazoo bevorzugte diese für sie bequeme Sitzhaltung.

Suzi und die anderen Kätzinnen, die in all den Jahren bei mir lebten, wurden eher unauffällig alt, sie zeigten keinerlei Veränderungen und hatten auch kaum altersspezifische Erkrankungen. Sie erreichten im Durchschnitt ein Alter von 15 Jahren. Suzi erkrankte im Alter von zwölf Jahren an Kieferkrebs. Das war ein großer Schock, da erst kurz zuvor die beiden älteren Kätzinnen verstorben waren

Tschaika mit ihrem Bruder Nikita.

sowie ihr Bruder Jascha. Nach fünf Monaten wanderte der Tumor bis zum Auge, dann hieß es auch von Suzi, meiner Prinzessin, Abschied zu nehmen.

Ali

Kater Ali kam zu mir im Alter von vier Monaten. Hier muss ich versuchen, mich kurz zu fassen, denn seine Geschichten würde ein ganzes Buch füllen. Ali ist jetzt 16 Jahre alt, und wenn ich zurückdenke, fallen mir sehr viele Veränderungen ein. Er war die ersten drei Jahre fast unausstehlich, wenn man das so sagen darf. Er schikanierte alle Katzen, nicht weil er aggressiv war, nein, weil er einfach zu viel Temperament hatte und die anderen mit ihm nicht stundenlang mithalten konnten. Er gönnte seinen Artgenossen keinen Schlaf und keine Pause und uns auch nicht. Das Wort Ruhe war ein Fremdwort. Er wusste sich zu beschäftigen, machte aus Kontoauszügen und Büchern Konfetti, räumte mal eben alles ab, was man abräumen konnte, öffnete die Haustüre, ließ sie natürlich offen, klaute Uhren, Unterwäsche, Socken und alles, was er sonst so fand, und verschleppte es irgendwohin. Und er machte alles sehr, sehr laut. Schnell lernte er, wie man den Mülleimer öffnet. Ließ man ihn ein paar Stunden alleine, war dieser dann restlos ausgeräumt. Wenn man dann seinen Namen rief, reagierte er nicht, er schaute zu den anderen Katzen, als wolle er sagen: »Die waren das, ich habe es genau gesehen.« Auch vor Gästen machte er nicht Halt, durchsuchte Handtaschen und klaute, was das Zeug hielt. Ganz egal, ob es sich um Autoschlüssel oder andere Kleinigkeiten handelte. Interessant war, dass er dann als Tausch gegen den entwendeten Gegenstand eine abgespielte Fellmaus in die Tasche legte. Trugen Besucher weiße Socken, wurde da erst einmal kräftig reingehauen. Blitzschnell war er auf dem Tisch und klaute jedem das Brot oder den Keks aus der Hand. Das waren die ersten Jahre mit Ali, er war meine Herausforderung in Sachen Katzen. Ich sagte dann, wenn es mir zu peinlich wurde: »Ja, ich weiß, ich melde ihn demnächst in einem Heim für schwer erziehbare Kater an.« Als er sechs Jahre alt war, kamen Jascha und Suzi (im gleichen Alter) dazu, somit waren es dann fünf Katzen, zwei Seniorinnen, Ali und die zwei neuen Hausgenossen Jascha und Suzi.

Ali genießt den Sommer gerne auf dem Balkon.

Ali auf dem Schreibtisch, auch hier will er immer dabei sein.

haben, denn alte Katzen mögen keine Veränderungen. Aber ich denke, es lag an dem Verlust seines Freundes. Nun hatte er nur noch Suzi, die auch alt und krank war. Sie folgte ihrem Bruder ein halbes Jahr später. Inzwischen war Khaled eingezogen, sechs Monate alt, leider war er todkrank und verstarb kurz vor Suzi im Alter von acht Monaten. Für Ali brach eine Welt zusammen.

Ali bei seinem alten, kranken Freund Jascha.

Ali bleibt Tag und Nacht bei seinem kranken Freund.

Mit Jascha hatte er endlich seinen Freund gefunden, obwohl dieser anfangs nicht bei ihm mithalten konnte. Es war die große Katzenliebe, die bis zu Jaschas Tod anhielt und gepflegt wurde. Für Ali war die kurze Zeit der Krankheit seines Freundes unfassbar. Er saß Tag und Nacht bei ihm, verweigerte Futter, rief, wenn Jascha nichts mehr halten konnte und sein Körbchen beschmutzt hatte. Er putzte ihn und begleitete ihn bis zum Schluss. Zu diesem Zeitpunkt waren beide Kater zwölf Jahre alt. Jascha starb und Ali wurde krank, krank vor Trauer. Ab diesem Zeitpunkt veränderte sich Ali. Es mag auch an seinem Alter gelegen

Ali schlief und fraß nicht mehr, da er den Platz an der Seite seines kranken Freundes nicht verlassen wollte. Bei einem so geselligen Kater wie Ali war es keine Frage, dass sich im Katzenhaushalt wieder etwas ändern musste. Ali hatte immer alle Neuzugänge, egal in welchem Alter sie waren, freundlich willkommen geheißen. Er war zwar mittlerweile etwas ruhiger, aber immer noch lebhaft genug. So kam die Entscheidung, einen fünf Monate alten Kater in unsere Familie zu bringen. Nach nur vier Tagen waren die beiden Freunde und Ali blühte regelrecht auf. Er hatte wieder einen gesunden Freund.

Traurigkeit kann man auch bei Katzen sehen.

Ich bin jetzt für Dich da.

Endlich blühte Ali wieder auf und hatte auch am Spiel wieder Spaß.

Pablo, sein neuer Freund, hatte einen Gendefekt, was uns aber nicht bekannt war. Nach zwei Monaten ging es ihm auf einmal schlecht. Ali klinkte sich wiederum sofort ein, es ging ihm dann auf einmal auch schlecht. Beide wurden in die Tierklinik gebracht, beide hatten dieselben Symptome, aber unterschiedliche Diagnosen. Pablo hatte kein geschlossenes Zwerchfell und einen offenen Herzbeutel, was in einer Operation behoben wurde. Ali hatte eine Bauchspeicheldrüsenentzündung, wohl ausgelöst durch Stress und Kummer, weil sein neuer Freund krank war. Er spürte es, bevor die Diagnose stand. Wäre ich einen Tag später in die Klinik gefahren, hätte Pablo das nicht überlebt. Beide Kater teilten sich in der Klinik eine Box, bis zur Narkose von Pablo. Ali durfte dann einen Tag vor Pablo nach Hause und pflegte auch diesen Freund bis zu seiner vollständigen Genesung.

Ali kümmert sich nach der großen Operation liebevoll um seinen Pablo.

Ali läuft nicht mehr gerne Treppen. Wenn er es tut, dann wird er voller Freude von klein Nuri oder Pablo empfangen.

Ali wurde von Jahr zu Jahr ruhiger, schlief viel mehr als früher. Pablo wurde es immer langweiliger. Was bot sich da mehr an, als das Trio wieder komplett zu machen. So zog der drei Monate alte Nuri bei uns ein. Auch hier wählte ich die sanfte Methode der Zusammenführung, nicht wegen Ali, aber wegen Pablo und Nuri. Nach zwei Tagen tobten die beiden Jungen schon durch die Wohnung. Ali genießt nun seine Ruhe, nun schaut er seinen jungen Freunden beim Spielen zu und beteiligt sich, wenn er Lust dazu hat. Was er nach wie vor liebt ist das Putzen seiner Freunde. Das erledigt er täglich, was sich die beiden gerne gefallen lassen.

Sein absolutes Highlight ist allerdings, wenn man den Federwisch holt. Er jagt dann wieder wie ein Junger, trotz seiner leichten Arthrose. Ali hat mittlerweile bestimmte Vorstellungen, wo er seine vielen kleinen und größeren Mahlzeiten einnehmen möchte. Auch er gehört zu den Katern, die hin und wieder laut rufen, manchmal auch nachts, obwohl er nicht verwirrt ist. Er hört und sieht noch gut und findet alle seine Wege, aber er brüllt dann einfach mal los und zwar so lange, bis die anderen zu ihm laufen und vor ihm stehen, dann erst schweigt er. Sein Kuschelfaktor ist extrem hoch, er möchte im Alter noch viel mehr schmusen.

Nuri liebt es, genau wie Pablo und Ali, sich unter Papier zu verstecken und mit Karacho durchzuflitzen.

Das tägliche Kuscheln und Massieren mit einer Gumminoppen-Bürste gehört zu seinem Glücklichsein. Wenn die beiden Jungen ihm zu wild werden, geht er ganz gelassen zu ihnen hin und schaut sie so lange an, bis diese sich von seinem Ruheplatz wegbewegen und ihr Spiel woanders fortsetzen. Er ist noch Chef und ich denke, das wird er bleiben. Ali hatte bis heute zwei Krebsoperationen im Abstand von fünf Jahren, die er gut überstanden hat. Zur Nierenprävention erhält er täglich, seit zwei Jahren, seine Nierentabletten, die er problemlos einnimmt. Hin und wieder schnieft er, was dann natürlich behandelt wird. Er erfreut sich ansonsten bester Gesundheit.

Nuri schaut nach Ali, nachdem er den Verband von seiner OP abgenommen bekam. Alles ist gut verheilt.

Sammy ...

Sammy und Funny (Püppi) –

ein Katzenliebespaar wie aus einem Hollywoodfilm

Bei unserem Umzug im Januar 1995 fragten mich Handwerker, ob wir nicht noch eine Katze aufnehmen könnten. Ein junges Kätzchen, als Einzelkatze gehalten, das von seiner Familie im Tierheim abgegeben werden sollte. Schon wieder ein trauriger Fall, der an mich herangetragen wurde. Da fiel mir spontan ein guter Freund ein, ein Künstler, der von zu Hause aus arbeitete. Er

war mit Katzen aufgewachsen, warum also nicht wieder zur Katze zurück. Wir telefonierten und er stimmte zu. Wir konnten gar nicht so schnell schauen, da war Funny schon in der Transportbox und schnurrte wohlwollend vor sich hin. Sie war einfach nur entzückend. Glücklich mit der süßen Mieze fuhr mein Freund Richtung Heimat. Die kleine Motte, so nannte er sie des Öfteren, lebte sich sofort ein und beide waren schnell ein Team. Ein paar Monate später entdeckte ich auf einem Straßenfest einen Kater, der versuchte, durch ein Kippfenster in eine Wohnung zu kommen. Ich läutete an der Türe, aber keiner öffnete. Ich kletterte zum Fenster, aber die Wohnung war, bis auf

... und Püppi.

wollte. Nach anfänglichem Zögern sagte er zu. Nach zwei Tagen waren die beiden Katzen unzertrennlich. Sie pflegten sich gegenseitig und lagen grundsätzlich zusammen. Dieses Katzenpärchen war wirklich wie ein Ehepaar. Nach ein paar Jahren des Zusammenlebens wurden ihre gegenseitigen Liebkosungen weniger, aber ab einem gewissen Alter nahmen sie wieder zu. Im Alter von 15 Jahren erkrankte Püppi von einer Sekunde zur anderen, konnte nicht mehr gerade gehen, schwankte, torkelte von einer Seite zur anderen und verstarb dann ein paar Stunden später in der Tierarztpraxis. Vermutet wurde ein Schlaganfall, da Püppi auch unter Übergewicht litt, nicht extrem, aber sie war definitiv zu propper. Sammy verlor ab diesem Moment seinen Lebensinhalt. Er litt zu diesem Zeitpunkt schon an Diabetes und magerte immer mehr ab. Er verweigerte das Futter, wurde immer schwächer und wartete auf seinen Tod. Er verstarb sechs Wochen nach Funny im Alter von fast 19 Jahren. Es hätte in diesem speziellen Fall keinerlei Sinn gemacht, dem achtzehnjährigen Sam noch eine neue Katze an die Seite zu stellen. Er hätte sie mit Sicherheit abgelehnt. Funny und Sammy waren letztlich nie krank und hatten ein wundervolles Katzenleben.

einen Kratzbaum, leer. Ich läutete bei der Vermieterin, die ich gut kannte. Sie sagte mir, dass die junge Frau ausgezogen war und ihren Katzer zurückgelassen hatte. Ich also Kater auf den Arm, der nur noch Haut und Knochen war, und ab nach Hause. Ich wollte ihn nicht direkt mit zu mir nehmen, da er zu schwach für mehrere Katzen war, sondern bat meine Vermieterin, ihm ein Zimmer frei zu machen, was sie auch gerne tat. Wir päppelten ihn gemeinsam auf, gaben ihm stündlich winzig kleine Futtermengen. Sammy erholte sich schnell und nahm wieder zu. Ich fragte meinen Freund, der Funny aufgenommen hatte, ob er nicht auch Findelkater Sammy übernehmen

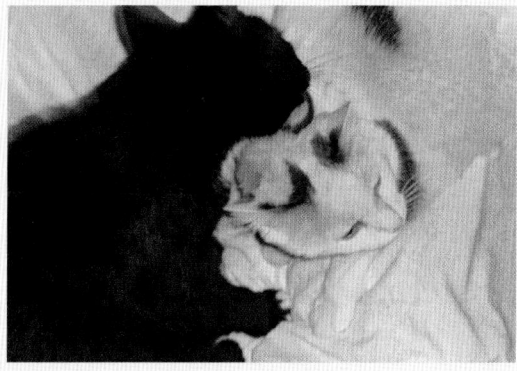

Die beiden Unzertrennlichen.

Norwegische Waldkatze Jule.

Jule, 17 Jahre alt, ist eine Norwegische Waldkatze und lebt seit einigen Jahren als Einzelkatze. Sie hatte schon immer ein ruhiges
Wesen, jetzt in ihrem hohen Alter ist ihr Ruhe-
bedürfnis noch größer. Jule leidet an verschiedenen altersbedingten Krankheiten und muss
täglich ihre Medikamente bekommen.

*Jule liegt gerne am Fenster. Ihre Besitzer haben ihr es
möglich gemacht, dass sie alleine hochkommt.*

Damit auch die im Geschmack bitteren Tabletten leichter einzugeben sind, mörsert Jules Be-
sitzerin die Tabletten und füllt sie dann in eine
leere Gelantinekapsel, die man in Apotheken
erhält. Sie feuchtet die Kapsel leicht an, damit
sie besser rutscht und kann Jule so problemlos
die Kapsel eingeben. Hinterher etwas Wasser
aus einer Spritze ins Mäulchen, damit die Kapsel auch wirklich im Magen ankommt. Jule hat
damit überhaupt keinen Stress und sich daran
gewöhnt. Selbstverständlich be-
steht auch Katze Jule auf ihre Rituale: sei es,
dass sie zu einer bestimmten Zeit in Frauchens
Arm auf dem Sofa liegen möchte, im Sommer
ihren Balkonplatz einnimmt, sie einen Platz hinter dem Sofa hat, wo sie gerne döst und alles
schön beobachten kann, zum Beispiel, wenn Besuch kommt. Jules Frauchen ist eine sehr erfahrene Katzenhalterin, die versteht, wie man auf
seine älteren Katzen eingeht und diese auch im
Katzenalltag unterstützt.

Helena

Helena, 15 Jahre alt, Russisch Blau, an Krebs erkrankt, lebt mit sieben anderen Katzen im Alter von zwei bis acht Jahren zusammen. Bei ihr sieht man deutlich, dass sie eine alte Katze ist, was an ihrer Krankheit liegen mag. Sie liebt nach wie vor die Gesellschaft anderer Katzen und hat auch keinerlei Probleme, dass es in ihrem Haus immer wieder einmal einen Wurf mit Kätzchen gibt, auch wenn die Kleinen lebhaft sind. Sie ist trotz ihrer Krebserkrankung mit allen anderen Katzen im Haushalt immer freundlich und hat außer ihrer Erkrankung, die behandelt wird, keinerlei Veränderungen gezeigt. Auch Helenas Frauchen ist eine sehr erfahrene Katzenhalterin, die seit vielen Jahren die Rasse Russisch Blau züchtet. Sie versteht ihre alternden Katzen und merkt sofort, wenn etwas nicht stimmt.

Es gibt alte und kranke Katzen, die die Gesellschaft ihrer Artgenossen zum Wohlfühlen brauchen.

Kapitel 14

Der letzte gemeinsame Weg

Vor diesem Weg fürchten wir uns alle. Wir wollen den Gedanken daran einfach nur verdrängen, denn es ist für uns immer schwer loszulassen, was wir doch so sehr lieben.

Wir alle wünschen uns, dass unsere alte Katze einfach in Ruhe und Frieden und in Geborgenheit bei uns einschläft und im Schlaf ihren Weg über die Regenbogenbrücke geht. Leider ist dies nicht die Regel.

Die letzten Stunden, dann hieß es loslassen.

Wann wird es Zeit loszulassen?

Eine schwierige Frage, denn jeder Fall ist anders und auch jeder Katzenbesitzer reagiert anders. Fakt ist, dass wir uns damit vertraut machen müssen, dass wir unserer alten und auch kranken Katze diese Entscheidung abnehmen müssen, wenn wir merken, dass keine Heilung in Sicht ist, ihr Gesundheits- und Allgemeinzustand sich stetig verschlechtert und sie keine Lebensfreude und auch keine Lebensqualität mehr hat. Sie mit Gewalt am Leben halten zu wollen, wäre schlicht und einfach eine Qual. Das hat sie nicht verdient, nach all den Jahren, die sie uns vertraut hat. Ich höre immer mal wieder von Katzenhaltern, die mir voller Stolz erzählen, dass ihre Katze über zwanzig Jahre alt geworden ist. Wenn ich dann anfange zu hinterfragen, wie denn ihre letzten Jahre aussahen, finde ich es immer wieder erschreckend, dass man ein Tier so lange leiden lassen kann.

Zum Teil werden diese alten und kranken Katzen, die nur noch liegen, keinerlei Bewegung mehr selbständig ausführen können, über Monate und Jahre aus falscher Tierliebe am Leben gehalten. Dies ist für mich ein Thema, das mir die Tränen in die Augen bringt, da es doch furchtbar sein muss, für ein so stolzes Tier wie unsere Katze, wenn sie über Jahre nur getragen wird, nur noch liegen kann, zwangsernährt wird, nur weil ihr Besitzer nicht loslassen will und kann.

Sicher gibt es auch Katzen mit 21 Jahren, denen man ihr hohes Alter zwar ansieht, die aber noch alles alleine machen können, fröhlich sind und Lebenslust verspüren.

Hier stellt sich diese Frage sicher nicht, denn solange die Alten noch Freude am Leben haben und gerne da sind, besteht überhaupt kein Anlass, sich darüber Gedanken zu machen.

Manchmal nehmen wir aber auch nicht wahr, dass die Katze bereit wäre zu gehen. Wir sehen zwar, dass sie abmagert, fast nur noch im Liegen lebt – und trotzdem zweifeln wir daran zu erkennen, dass wir uns vielleicht jetzt einen Rat holen sollten.

Wenn Sie unsicher sind, sprechen Sie mit Ihrem Tierarzt ganz offen darüber, er wird Sie in dieser Entscheidung unterstützen. Auch eine Katzenpsychologin kann Ihnen mit Rat und Tat zur Seite stehen. Falls es dann doch zu der Entscheidung kommen sollte, dass ein Tierarzt die Erlösung vornimmt, Sie aber nicht möchten, dass Ihre Katze in einer Tierarztpraxis verstirbt, dann sprechen Sie Ihren Tierarzt darauf an, ob er dies auch bei Ihnen zu Hause vornehmen könnte. Viele Katzenbesitzer wünschen sich, dass ihr Liebling in seiner gewohnten Umgebung und ohne Stress eingeschläfert wird, und viele Tierärzte kommen diesem Wunsch auch nach.

Schön wäre es, wenn Sie bei diesem letzten Schritt bei Ihrer Katze bleiben, sie halten, auf ihrem letzten Weg begleiten und ihr auch in diesem allerletzten Moment Ihre Liebe und ihr Sicherheit und Geborgenheit geben.

Andere alte Katzen schlafen einfach ein und wachen nicht mehr auf. Dies ist zwar dann im ersten Moment ein Schock für uns, wenn wir unsere Katze am Morgen leblos in ihrem Körbchen vorfinden, aber sie konnte alleine gehen und hat uns auch diesen sehr schweren Weg und diese Entscheidung abgenommen.

Natürlich denken wir an die vielen wunderbaren Jahre, die wir gemeinsam hatten. Diese Jahre kommen uns in diesem Moment vor als wären es keine Jahre gewesen.

Man sagt, Tiere hätten Gemeinschaftsseelen, das würde bedeuten, dass in einem Katzenkörper mehrere Tierseelen ihr Zuhause haben. Ich finde diesen Gedanken sehr schön und auch tröstend, wenn wir uns von unserer geliebten Katze oder unserem geliebten Kater verabschieden müssen. Vielleicht ist auch was Wahres dran, denn wie oft entscheiden wir uns für eine Katze, weil sie uns bekannt und vertraut vorkommt und damit meine ich nicht ihr Aussehen oder ihre Rasse. Hat man sie dann zu Hause, benimmt sie sich nur ein paar Minuten fremd und kennt sich in ihrer neuen Umgebung perfekt aus, versteht sich sofort mit den anderen Katzen, was eigentlich nicht sein kann. Nach ein paar Tagen entdeckt man Eigenschaften, die eine andere Katze, die längst verstorben ist, auch hatte. Sie fordert Rituale, die nur diese bestimmte Katze jemals gefordert hat. Vielleicht sind das Zufälle, aber warum wiederholt sich das dann bei so vielen Tierhaltern? Ich mag diesen Gedanken und ich glaube gerne

daran, denn er macht mir den Abschied etwas leichter. Mit viel Glück finden wir uns doch alle wieder. Halten wir einfach unsere Augen offen und fühlen tief in uns hinein, wenn uns ein Kätzchen ganz besonders anspricht, denn manchmal begegnet uns eine Katze, weil sie uns kennt und wir sie auch kennen – und sie wieder mit uns nach Hause möchte.

HEIDI BOLLICH ist Fotografin mit dem Schwerpunkt Tierfotografie und mit Leib und Seele Katzenfan. Seit 26 Jahren wird ihr Leben von Katzen begleitet und ein Leben ohne diese klugen und geheimnisvollen Tiere ist für sie unvorstellbar. Sie züchtete früher im kleinen Rahmen Maine Coon- und Russisch Blau-Katzen und hat seit jeher den Tierschutz aktiv unterstützt. Zur Zeit leben drei Kater im Alter von 1 bis 16 Jahre bei ihr, die ihr auch immer wieder als Model für ihre Fotografien zur Verfügung stehen. Viele ihrer Fotografien findet man unter anderem in Kalendern und auf Karten.

Kontakt
www.heidi-bollich.com

Nachwort

Ein Leben ohne Tiere, vor allem ohne Katzen, ist für mich nicht vorstellbar. Ich bin mit Tieren aufgewachsen und kenne ein Leben ohne Tiere nicht. Mit mir zusammen leben drei Kater: Ali 16 Jahre, Pablo drei Jahre und Nuri fast ein Jahr. Irgendwann aber wird der Zeitpunkt kommen, wo ich in einem Alter sein werde, dass ich keine Katzen mehr aufnehmen kann, da ich meine Katzen nicht zurücklassen möchte. Schon heute mache ich mir über diesen Zeitpunkt Gedanken. Eine gute Möglichkeit im Alter ist es, sich aus dem Tierheim ein Pflegekätzchen zu nehmen. Die Tierheime übernehmen in solchen Fällen auch oft die Behandlungskosten und die Katze wird vom Tierheim-Tierarzt kostenlos weiter versorgt.

Auch kann man sich bei verschiedenen Hilfsorganisationen als Pflegestelle bewerben. Bei der Pflegestelle wird Katzen-Erfahrung vorausgesetzt, und es muss einem bewusst sein, dass diese Katze nur so lange bei einem bleiben wird, bis sie gesund gepflegt und sozialisiert ist. Wenn ein geeignetes Zuhause gefunden wird, müssen wir Abschied nehmen, aber mit dem guten Gefühl, dass wir Gutes getan haben und die Katze nun ihr Zuhause finden durfte. Ich wünsche mir so sehr, dass man seiner Katze auch im Alter die Liebe und Geborgenheit gibt, wie in ihren jungen Jahren. Jeder, der sich ein Tier anschafft, sollte sich vorher überlegen, ob er dieser Aufgabe gewachsen ist.

Ich wünsche Ihren Katzen ein gesundes und langes Leben, ein Altern in Liebe und Geborgenheit und ein Altern in Würde, und falls der Zeitpunkt kommen sollte, wünsche ich Ihnen ganz viel Kraft zum Loslassen.

Mein harmonisches Kater-Trio.

Unsere Erfolgsreihen auf einen Blick

Die Reitschule

Heinrich Bergmann-Scholvien, **Arbeit an der Doppellonge**, ISBN 978–3–275–01805–5

Urte Biallas, **Bodenarbeit**, ISBN 978–3–275–01708–9

Kerstin Diacont, **Grundkurs Sitz und Hilfen**, ISBN 978–3–275–01707–2

Kerstin Diacont, **Dressur für Fortgeschrittene**, ISBN 978–3–275–01749–2

Angelika Schmelzer, **Pferde erziehen**, ISBN 978–3–275–01709–6

Angelika Schmelzer, **Reiten im Gelände**, ISBN 978–3–275–01748–5

Britta Schön, **Hufschlagfiguren und Lektionen E bis A**, ISBN 978–3–275–01728–7

Britta Schön, **Mein erster Turnierstart**, ISBN 978–3–275–01777–5

Sabine Schweickert, **Fahren für Einsteiger**, ISBN 978–3–275–01803–1

Viviane Theby, **So lernen Pferde**, ISBN 978–3–275–01804–8

Sigrid Weppelmann/Sandra Mensmann, **Longieren**, ISBN 978–3–275–01727–0

Sigrid Weppelmann, **Basispass Pferdekunde**, ISBN 978–3–275–01750–8

Inga Wolframm, **Angstfrei reiten**, ISBN 978–3–275–01729–4

Inga Wolframm, **Springen für Einsteiger**, ISBN 978–3–275–01776–8

Die Hundeschule

Annegret Bangert, **Begleithundprüfung**, ISBN 978–3–275–01779–9

Ann-Sophie Griebel, **Clicker-Training**, ISBN 978–3–275–01714–0

Micaela Köppel, **Spiel und Spaß für jeden Tag**, ISBN 978–3–275–01732–4

Petra Krivy/Ann-Sophie Griebel, **Ein Hund aus zweiter Hand**, ISBN 978–3–275–01780–5

Petra Krivy/Angelika Lanzerath, **Was ein Welpe lernen muss**, ISBN 978–3–275–01689–1

Petra Krivy/Angelika Lanzerath, **Hunde verstehen**, ISBN 978–3–275–01756–0

Petra Krivy/Angelika Lanzerath, **Einfach gut erzogen**, ISBN 978–3–275–01731–7

Petra Krivy/Angelika Lanzerath, **So geht's nicht weiter**, ISBN 978–3–275–01713–3

Petra Krivy/Angelika Lanzerath, **Mein Hund im Flegelalter**, ISBN 978–3–275–01810–9

Uta Reichenbach/Tanja Sinner, **Agility**, ISBN 978–3–275–01660–0

Uta Reichenbach/Gabriele Lehari, **Sinnvolle Beschäftigung**, ISBN 978–3–275–01645–7

Monika Schaal/Ursula Breuer, **Komm zu mir!**, ISBN 978–3–275–01623–5

Monika Schaal/Ursula Daugschieß-Thumm, **Lockere Leine**, ISBN 978–3–275–01621–1

Julia Schuster/Jochen Schleicher, **Dog Frisbee**, ISBN 978–3–275–01755–3

Beate Schwarz, **Dummy-Training**, ISBN 978–3–275–01690–7

Manuela van Schewick, **Apportieren mit Spaß**, ISBN 978–3–275–01754–6

Christiane Wergowski, **Alleine bleiben**, ISBN 978–3–275–01659–4

happy cats

Nina Ernst, **Willkommen Katze**, ISBN 978–3–275–01781–2

Nina Ernst, **Zufriedene Stubentiger**, ISBN 978–3–275–01760–7

Gabriele Müller, **Miau – Katzensprache richtig deuten**, ISBN 978–3–275–01782–9

Gabriele Müller, **Katzenspiele**, ISBN 978–3–275–01811–6

Jedes Buch mit 96 Seiten, ca. 80 Abb., broschiert, je € 9,95/CHF 18,90/€(A) 10,30